Walsh Christian

simulação e análise CFD do dissipador de calor

Walsh Christian

simulação e análise CFD do dissipador de calor

ScienciaScripts

Conteúdo

RECONHECIMENTO

Aproveito esta oportunidade para expressar a minha sincera gratidão ao **Prof. (Dr.) MANISH MEHTA**, Chefe do Departamento de Engenharia Mecânica, por me ter permitido realizar o projeto. **DARSHAN GAJDHAR** pela sua assistência, encorajamento e orientação útil.

Estou também em dívida para com todo o pessoal docente e não docente do Departamento de Engenharia Mecânica pela sua colaboração e sugestões, que é o espírito subjacente a este relatório. Por último, mas não menos importante, gostaria de expressar os meus sinceros agradecimentos a todos os meus amigos pela sua boa vontade e ideias construtivas.

CHRISTIAN WALSH BENJAMIN

Número de inscrição: 180820721003

M.E. (ENGENHARIA TÉRMICA)

DJMIT, ANAND Gujarat

RESUMO

Nesta investigação, foram efectuados estudos experimentais e numéricos do desempenho térmico de uma variedade de dissipadores de calor com diferentes placas de base para aumentar as taxas de libertação de calor no CPU. Os parâmetros da geometria do dissipador de calor, como o passo das aletas, a espessura das aletas, a espessura da placa de base e os materiais da placa de base são optimizados para melhorar o desempenho térmico do dissipador de calor. O modelo térmico do sistema informático com um dissipador de calor de alheta de placa de corte simples e outra geometria de alheta, passo da alheta e espessura da alheta é criado utilizando o ANSYS (para pré-processamento) e a simulação é efectuada utilizando o ANSYS (para execução do solucionador e pós-processamento). Os resultados experimentais da geometria do passo das alhetas, da espessura das alhetas e da placa de base dos dissipadores de calor foram comparados com um código de dinâmica dos fluidos. Neste trabalho de investigação, a espessura das alhetas varia de 3 mm a 5 mm e o passo das alhetas varia de 1,5 mm a 3,5 mm. Os materiais de alumínio, cobre e compósito de carbono e carbono (ccc) são utilizados como placa de base do dissipador de calor. A espessura da placa de base é de 2,5 mm e 5 mm. Os resultados experimentais mostram que, entre os muitos parâmetros de projeto, o material da placa de base (compósito de carbono e carbono) tem a influência mais significativa no desempenho dos dissipadores de calor. O desempenho universal dos dissipadores de calor aumenta com a utilização da placa de base de ccc. Os resultados também mostram que os dissipadores de calor com placa de base de cobre são superiores à base de alumínio. O desempenho térmico do dissipador de calor é melhor, a temperatura do dissipador de calor é excessiva. A melhor geometria do dissipador de calor é selecionada e alterada de modo a diminuir a distribuição da temperatura máxima do dissipador de calor e os pontos quentes do dissipador de calor no centro, variando o passo das alhetas, a espessura das alhetas, a espessura da placa de base e alterando os materiais da placa de base. Neste estudo, foi analisado um chassis de computador completo com diferentes dissipadores de calor de placa de base e os desempenhos dos dissipadores de calor são diferenciados.

CAPÍTULO 1

INTRODUÇÃO

Os dispositivos microelectrónicos, como transístores, condensadores, indutores, transformadores e resistências, são os elementos constitutivos de todos os equipamentos electrónicos. Para que estes equipamentos electrónicos funcionem, é necessária a passagem de corrente eléctrica. Uma parte desta energia é dissipada sob a forma de calor devido a ineficiências num dispositivo ou à resistência não nula à corrente eléctrica. A dissipação de calor nos transístores deve-se à comutação, ao curto-circuito dinâmico e às dissipações de energia de fuga. Antes da invenção dos transístores, utilizavam-se tubos de vácuo. A eficiência das válvulas de vácuo era muito baixa e consumia muita energia eléctrica que era desperdiçada sob a forma de calor. A sua esperança de vida também era muito curta. A invenção dos transístores foi um grande avanço na indústria eléctrica, consumindo menos energia eléctrica e dissipando muito menos calor. Os primeiros circuitos electrónicos foram construídos ligando alguns transístores, condensadores, indutores e resistências numa placa impressa de uma só camada. Estes circuitos, que dissipam pouco calor, têm uma funcionalidade limitada. Mais tarde, utilizando processos de fabrico de semicondutores, foram criados circuitos electrónicos mais complexos através da construção de muitos transístores numa única peça semicondutora denominada "chip". Durante um período de cerca de 30 anos, foram introduzidos por diferentes fabricantes circuitos integrados e circuitos integrados de grande escala com alguns milhares a alguns milhões de transístores. Durante o mesmo período, a dimensão dos transístores foi reduzida e a densidade de transístores da pastilha foi aumentada. Embora alguns transístores nos primeiros circuitos electrónicos não gerem muito calor, alguns milhões desses transístores, quase na mesma área, geram uma quantidade significativa de calor. Todos os dispositivos semicondutores dissipam calor como subproduto do seu funcionamento normal. A realização do calor é um dos problemas mais críticos a ter em conta para manter o processo contínuo. A indústria eletrónica exige o aumento dos limites de arrefecimento por ar forçado para arrefecer suficientemente as fontes de calor dos CPUs. Melhorar o desempenho térmico do dissipador de calor arrefecido a ar é um dos problemas críticos para aumentar o limite universal de arrefecimento a ar. Um dos aspectos mais difíceis para melhorar o desempenho do dissipador de calor é a utilização eficaz de áreas de superfície relativamente grandes das alhetas arrefecidas a ar quando o calor está a ser transferido de uma fonte de calor relativamente pequena (CPU) com elevado fluxo de calor.

Quando as cargas térmicas são pequenas, a condução térmica através de placas de alumínio é suficiente para espalhar o calor para os dissipadores de calor com alhetas para convecção das alhetas para o ar. Nos últimos anos, à medida que as cargas térmicas aumentaram, foram utilizados melhores condutores de calor, como as placas de cobre, para melhorar a propagação do calor das fontes de calor para os dissipadores de calor. Todos os dispositivos electrónicos passam por um processo irreversível que resulta na geração de calor que tem de ser removido para manter o funcionamento contínuo. Os chips electrónicos actuais dissipam cerca de 70 W no máximo, enquanto este número se multiplicará num futuro próximo. As diferenças de temperatura entre a superfície do dissipador de calor e o ambiente variam entre 10 °C e 35 °C, de acordo com a capacidade de remoção de calor do dissipador de calor instalado. O principal objetivo da indústria de refrigeração forçada eletrónica é diminuir as densidades de potência dos componentes electrónicos para reduzir as temperaturas de funcionamento. No entanto, verifica-se um aumento contínuo do calor que estes libertam, bem como uma procura dos mesmos nos sistemas da indústria eletrónica. Por conseguinte, a tecnologia de arrefecimento sempre foi e será um passo importante e inevitável para o bom funcionamento e a fiabilidade dos componentes electrónicos. Kim e Lee (1996) mencionam duas razões fundamentais pelas quais a tecnologia de arrefecimento será sempre importante na conceção do equipamento eletrónico:

1   Todos os dispositivos electrónicos estão sujeitos a um processo irreversível que resulta na geração de calor que tem de ser removido para manter o funcionamento contínuo.

2   A fiabilidade e o desempenho dos dispositivos electrónicos dependem da temperatura. Assim, ao baixar a temperatura, verifica-se que a fiabilidade e o desempenho são melhores.

Para os computadores de secretária, a caixa não só é vital para manter o computador unido, como também é uma parte importante do próprio computador. Serve também para manter os dispositivos frescos no interior do computador, prolongando assim a vida útil dos circuitos electrónicos. O arrefecimento por ar forçado, utilizando o sistema tradicional de dissipador de ventoinha, continuará a ser um cavalo de batalha para o arrefecimento eletrónico devido ao seu custo, fiabilidade e familiaridade com o engenheiro de projeto Os dissipadores de calor podem ser classificados em cinco grupos principais, de acordo com o mecanismo de arrefecimento utilizado.

1. dissipadores de calor passivos que são geralmente utilizados em sistemas de convecção natural 2. dissipadores de calor semi-activos que aproveitam o ventilador exterior do sistema.

3.   Dissipadores de calor activados que utilizam ventiladores designados para o sistema de convecção forçada.

4.   Placas frias arrefecidas por líquido que utilizem tubos em forma de bloco ou passagens fresadas em conjuntos soldados para utilização de água, óleo ou outros líquidos bombeados, e

5.   Sistemas de recalcamento de mudança de fase, incluindo sistemas bifásicos que empregam um conjunto de caldeira e condensador num mecanismo passivo e auto-acionado.

À medida que as frequências de funcionamento aumentam e o tamanho da embalagem diminui, a densidade de potência aumenta e o tamanho do dissipador de calor e o fluxo de ar tornam-se mais limitados. O resultado é uma maior importância na conceção do sistema para garantir que os requisitos de conceção térmica são cumpridos para cada componente do sistema. Para além dos dissipadores de calor e das ventoinhas, existem outras soluções para arrefecer os dispositivos de circuitos integrados. No entanto, cada uma destas técnicas tem algumas desvantagens e dificuldades relacionadas com o ruído, o custo de fabrico e o peso, respetivamente. Outro método eficaz para melhorar a transferência de calor dos dissipadores de calor é a utilização de placas de base altamente condutoras, como o cobre e o compósito carbono - carbono (ccc), com propriedades adequadas e uma queda de pressão aceitável ao longo dos dissipadores de calor. No entanto, existem poucos trabalhos de investigação sobre este tema na literatura. Neste trabalho de investigação, foi utilizada a dinâmica de fluidos computacional para reconhecer o arrefecimento de um computador de secretária e foi estudada a experiência da análise CFDANSYS para a conceção do dissipador de calor. Nos futuros sistemas de computadores de secretária, a CPU dissipará entre 100 e 140 W. A placa AGP, a memória, o chipset e os periféricos, como a unidade de disco rígido, dissiparão mais energia e os dispositivos de circulação de ar, como as ventoinhas e as aberturas de ventilação, devem estar localizados de forma adequada para fornecer ar aos componentes críticos. Para além da maior dissipação de potência da CPU, a matriz da CPU será mais pequena, o que resulta num aumento significativo da resistência térmica da interface entre a matriz da CPU e o dissipador de calor. A resistência térmica dos componentes do computador aumenta, a taxa de fluxo de ar e o tamanho do sistema diminuem e o desempenho da CPU diminui em conformidade. Neste trabalho, a espessura da placa de base, a espessura das alhetas, o passo das alhetas e o material da placa de base são optimizados para analisar o fluxo de calor e a transferência de calor no interior do computador para a situação de alta potência. O objetivo do trabalho que se segue é de dois tipos. Em primeiro lugar, adquirimos dados de medição experimental para as caraterísticas térmicas dos dissipadores de calor de aleta de placa e de aleta de pino para permitir uma comparação generalizada das diferenças entre os dissipadores de calor. Em segundo lugar, desenvolvemos modelos para os dissipadores de calor com as geometrias mais simples e comparamos os resultados com os dados experimentais previamente medidos para verificar a obediência dos modelos.

1.1 As tendências da tecnologia de semicondutores

Gordon Moore, o cofundador da Intel, previu o ritmo acelerado da inovação tecnológica. A sua previsão, popularmente conhecida como "Lei de Moore", afirma que o número de componentes em circuitos integrados duplicou todos os anos desde a invenção do circuito integrado em 1958 até 1965 e previu que a tendência se manteria durante pelo menos dez anos.

Esta tendência é conhecida como lei de Moore. A Figura 1.1 mostra que os processadores da Intel seguiram a lei de Moore de Shabany (2010). Algumas organizações previram e publicaram roteiros para a indústria de semicondutores com base na evolução tecnológica ou nas necessidades dos clientes. A associação da indústria de semicondutores coordenou o primeiro esforço de produção do que foi designado por roteiro tecnológico nacional

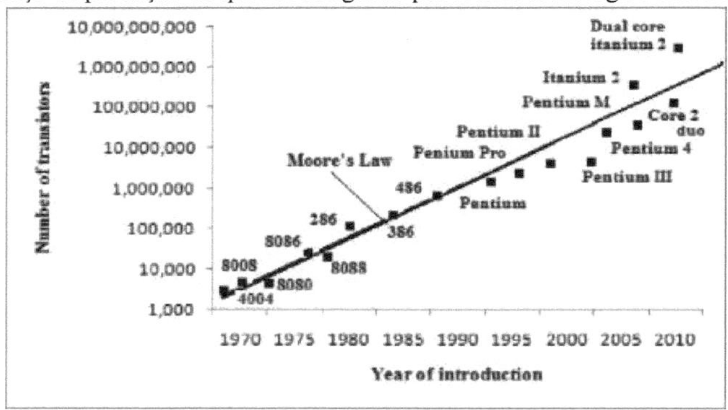

Figura 1.1 O processador da Intel e a Lei de Moore (www.itrs.net)

Esta constatação levou à criação de um roteiro tecnológico internacional para os semicondutores no final da década de 1990. O convite para cooperar nas ITRS foi feito pela SIA no conselho mundial de semicondutores, em abril de 1998, à Europa, Japão, Coreia e Taiwan. Desde então, foram efectuadas revisões completas das ITRS de dois em dois anos, entre 1999 e 2007. Shabany (2010) apresentou os roteiros NTRS/ITRS para a densidade de transístores em milhões por centímetro quadrado e a dimensão das caraterísticas em nanómetros, que são apresentados nas Figuras 1.2 e 1.3.

O tamanho da caraterística é uma medida das dimensões mínimas num dispositivo semicondutor e um tamanho de caraterística mais pequeno permite chips mais pequenos com o mesmo número de transístores, como mostra a figura.

Verifica-se que a indústria de semicondutores ultrapassou as previsões do roteiro NTRS de 1997 até 2001 e seguiu de perto os roteiros de 2001 a 2005.

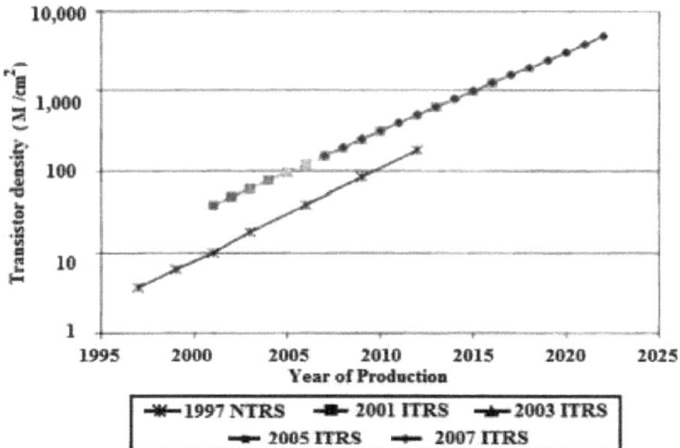

Figura 1.2 Roteiros NTRS/ITRS para a densidade de transístores (www.itrs.net)

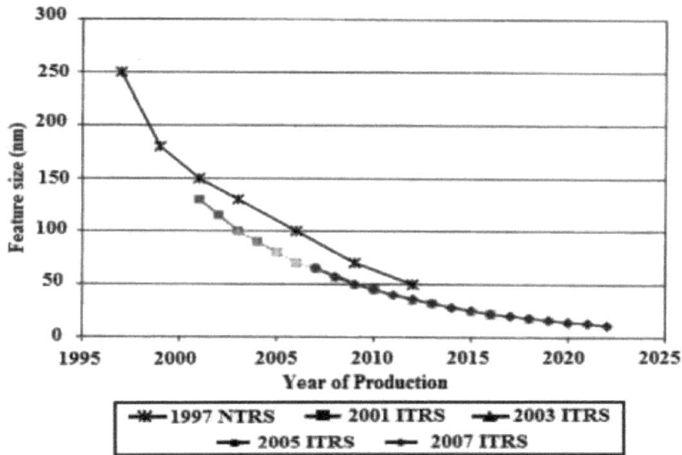

Figura 1.3 Roteiros NTRS/ITRS para a dimensão dos elementos (www.itrs.net)

Shabany (2010) apresentou os roteiros NTRS/ITRS para a frequência de relógio no chip, que são apresentados na Figura 1.4. Verifica-se que os roteiros de 1997 a 2005 previram um aumento exponencial da frequência de relógio no chip. No entanto, durante os últimos anos, a indústria procurou outras formas para além do aumento da frequência na pastilha para melhorar o desempenho dos microprocessadores. Estas incluem novas concepções arquitectónicas, como os processadores de múltiplos núcleos, e melhorias de software. Em resultado disto e para limitar a dissipação total de calor dos processadores, a frequência na pastilha e a sua taxa de aumento foram reduzidas nos últimos anos. Este facto reflecte-se no roteiro apresentado na Figura 1.4. Embora a tensão de alimentação continue a diminuir, a sua redução não é suficiente para compensar o aumento do consumo de energia devido ao aumento da frequência de relógio e da densidade dos transístores. Os roteiros para a tensão de alimentação são apresentados na Figura 1.5 de Shabany (2010). O consumo total de energia de um chip é a soma do seu consumo de energia de comutação, do consumo de energia de curto-circuito e do consumo de energia devido à corrente de fuga. Uma parte significativa do consumo de energia do chip é desperdiçada sob a forma de calor.

Para a maioria dos dispositivos digitais, assume-se normalmente que todo o consumo de energia é dissipado sob a forma de calor e, para os componentes de radiofrequência, a dissipação de calor é igual ao consumo de energia menos o sinal de rádio de saída. Shabany (2010) apresenta os roteiros do NTRS/ITRS para a dissipação de energia de processadores de alto desempenho, que são mostrados na Figura 1.6. Note-se que (até 2003) o roteiro ITRS previa um aumento contínuo da dissipação de energia das pastilhas, ao passo que os roteiros de 2005 e 2007 limitaram a dissipação de calor a 200 W devido a restrições nas actuais tecnologias de "arrefecimento e ensaio ao nível do sistema" e não na embalagem. Isto mostra o papel importante que as técnicas de arrefecimento inovadoras, rentáveis e de elevado desempenho podem desempenhar para permitir a utilização de dispositivos microelectrónicos de topo de gama. As tendências da tecnologia dos semicondutores indicam que a dissipação de calor dos equipamentos electrónicos tem aumentado continuamente nas últimas décadas e continuará a ser um fator limitativo no fabrico de dispositivos electrónicos de topo de gama num futuro previsível. Se este calor não for devidamente dissipado, estes equipamentos electrónicos serão sobreaquecidos e a sua temperatura aumentará. Isto pode resultar em falhas dependentes da temperatura.

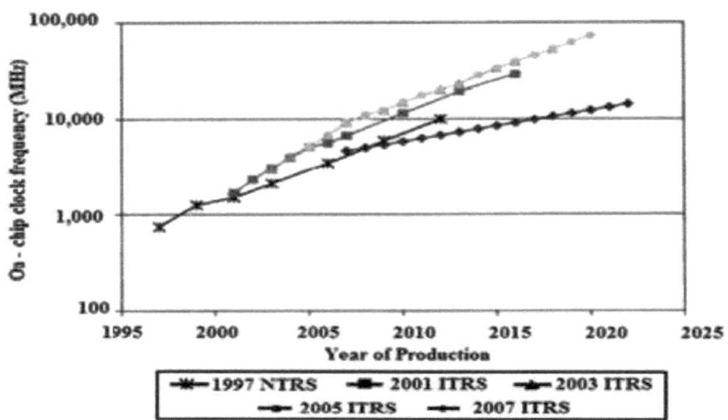

Figura 1.4 Roteiros NTRS/ITRS para a frequência de relógio na pastilha

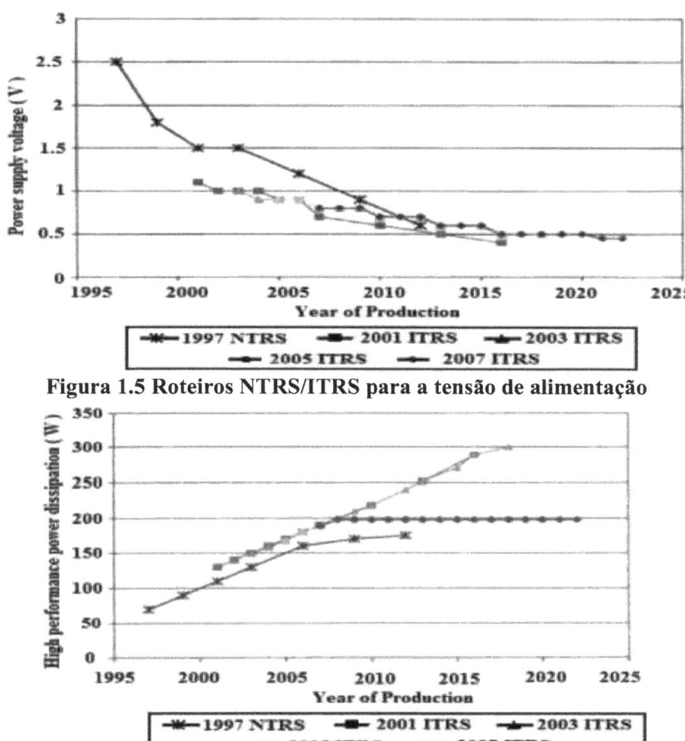

Figura 1.5 Roteiros NTRS/ITRS para a tensão de alimentação

Figura 1.6 Roteiros NTRS/ITRS para dissipação de energia de alto desempenho

1.1.1 Principais factores que permitem e tendências futuras

Numerosas inovações de um grande número de cientistas e engenheiros foram factores significativos para a manutenção da lei de Moore desde o início da era dos circuitos integrados (CI). Embora seja certamente desejável uma lista pormenorizada dessas contribuições significativas, apenas algumas inovações são enumeradas a seguir como exemplos de descobertas que desempenharam um papel fundamental no avanço da tecnologia de CI em mais de seis ordens de grandeza em menos de duas décadas:

• A principal contribuição, que é a razão de ser da lei de Moore, é a invenção do próprio circuito integrado, creditada contemporaneamente a Jack Kilby, da Texas Instruments, e a Bob Noyce, da Intel.

• A invenção do processo de semicondutores complementares de óxido metálico (CMOS) por Frank Wan lass em 1963. Uma série de avanços na tecnologia CMOS por muitos trabalhadores no domínio dos semicondutores desde o trabalho de Wan lass permitiram os CI extremamente densos e de elevado desempenho que a indústria fabrica atualmente.

1.2 Falha mecânica dependente da temperatura

• A falha mecânica refere-se a qualquer categoria de deformação excessiva, cedência, fissura e fratura de um material.

• O coeficiente de expansão térmica (CTE) é definido como a taxa de expansão.

$$\alpha = \frac{1}{L}\left(\frac{\partial L}{\partial T}\right)_P$$

O índice P indica que a pressão é mantida constante durante a medição de modo a que a alteração do comprimento se deva apenas à alteração da temperatura. O CTE é medido em partes por milhão / °C. Agarwalet.*al.* (1999) apresentaram o coeficiente de expansão térmica de diferentes materiais na Tabela 1.1

Tabela 1.1 O coeficiente de expansão térmica de diferentes materiais

Material	Coeficiente de expansão térmica (ppm / C)
Material da caixa	
Alumina	4.3 - 7.4
Cobre	16
Morrer	
Silício	2.3 - 4.7
Germânio	5.7 - 6.1
Arsenieto de germânio	5.4 -5.7
Fixação da matriz	
Vidro com enchimento de prata	8
Poliimida	40 -50
Epóxi à base de silicone	60 -80
Chumbo e quadro de chumbo	
CDA 194	16.3
OLIN 7025	17.1
Kovar	5.8
Substrato	
Berília	6.3 - 7.5
Carboneto de silício	3.5 - 4.6
Nitreto de alumínio	4.3 - 4.7
Alumina	4.3 - 7.4
Ligação de fios e almofada	
Alumínio	46.4
Cobre	16
Ouro	14.2

1.3 A importância da transferência de calor na eletrónica

A gestão térmica de um sistema eletrónico engloba todos os processos e tecnologias térmicas que devem ser utilizados para remover e transferir calor de componentes individuais para o dissipador térmico do sistema de forma controlada.

Os fabricantes de dispositivos electrónicos identificam uma temperatura de funcionamento máxima permitida para o seu dispositivo.

1.4 Parâmetros que afectam as caraterísticas térmicas de uma embalagem

1.4.1 Materiais de interface térmica

A interface térmica entre a caixa e o dissipador de calor é controlada de várias formas, utilizando diferentes materiais condutores de calor. A resistência da interface térmica reduzirá significativamente a taxa de transferência de calor ou aumentará a diferença de temperatura entre as duas camadas e é um fenómeno indesejável em aplicações de arrefecimento eletrónico.

1.4.2 Massa térmica

A massa térmica é um composto constituído por um suporte, um condutor e um aglutinante. O suporte é utilizado para suportar o material condutor. O condutor é um material de resistência térmica relativamente baixa e é adicionado ao suporte como um filtro. O aglutinante é um material que controla a viscosidade do composto.

1.4.3 Compostos térmicos

Uma alternativa às massas térmicas à base de silicone é o composto de junta térmica sem silicone, que é preenchido com óxido de metal. Estes compostos foram desenvolvidos como uma alternativa à massa de silicone e não apresentam a contaminação associada aos produtos à base de silicone.

1.4.4 Massa térmica com suporte de alumínio

Estes produtos utilizam um suporte de alumínio com uma espessura típica de 0,005 polegadas e têm gotículas uniformes de massa de silicone aplicadas em ambos os lados do suporte de alumínio. Ambos os lados têm um revestimento de papel protetor que é removido antes da instalação.

1.4.5 Fita adesiva térmica

As fitas térmicas consistem no seguinte: suporte termicamente condutor, material adesivo revestido em ambos os lados e um revestimento transparente utilizado para proteger a superfície adesiva durante o transporte e o manuseamento. Estas fitas proporcionam uma interface térmica entre a caixa do processador e o dissipador de calor. O material adesivo proporciona a fixação mecânica entre o dissipador de calor e a caixa do processador. Pressão insuficiente aplicada durante a instalação da fita.

1.5 Factores de conceção que têm impacto no desempenho térmico do dissipador de calor

1.5.1 Material

O material de dissipador de calor de corte mais simples é o alumínio. O alumínio quimicamente puro não é utilizado no fabrico de dissipadores de calor, mas sim ligas de alumínio. A liga de alumínio tem um dos valores mais elevados de condutividade térmica, com 229 W/mK. No entanto, não é recomendada para maquinagem, uma vez que é um material relativamente macio. As ligas de alumínio 6061 e 6063 são as ligas de alumínio mais utilizadas, com valores de condutividade térmica de 166 e 201 W/mK, respetivamente.

Tabela 1.2 Condutividade térmica de alguns materiais comuns

Material	Condutividade térmica (W/m^0 C)
Alumínio (puro)	202
Prata (pura)	410
Cobre (puro)	385
Ouro	319
Diamante	2300
Silício	120-270
Níquel (puro)	93
Ferro (puro)	43
Aço carbono, 1% C	43

| Nitreto de alumínio | 82 - 320 |
| Carboneto de silício | 120 - 270 |

1.5.2 Eficiência das alhetas

A eficiência das alhetas é um dos parâmetros mais importantes do dissipador de calor, o que torna importante um material de condutividade térmica mais elevada.

 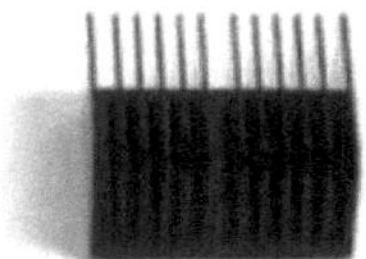 

Figura 1.7 Tipos de dissipadores de calor com alheta e alheta reta

A eficiência das alhetas é aumentada aumentando a sua espessura ou diminuindo o seu comprimento e aumentando a condutividade térmica das alhetas. Um dissipador de calor de alheta é um dissipador de calor que tem pinos que se estendem da sua placa de base. Os pinos podem ser placas cilíndricas ou elípticas. Um único pino é de longe um dos dissipadores de calor mais comuns disponíveis no mercado. Uma segunda disposição de aletas de dissipador de calor é a aleta reta. Estas percorrem todo o comprimento do dissipador de calor de corte simples. Uma variedade do dissipador de calor de aleta de pino reto é um dissipador de calor de corte único transversal. Um dissipador de calor de aleta de pino reto corta a uma distância regular, mas num passo mais grosseiro do que um tipo de aleta de pino.

1.5.3 Espessura e inclinação das alhetas

Numa solução de convecção natural, o fluxo de ar é induzido pelo fenómeno do ar quente que se move na direção oposta à gravitacional. Por conseguinte, o espaçamento entre aletas e a espessura das aletas desempenha um papel fundamental na melhoria do fluxo de ar e na redução da resistência térmica.

1.5.4 Fluxo de ar

Para melhorar a eficácia dos dissipadores de calor, é importante gerir o fluxo de ar de modo a maximizar a quantidade de ar que circula sobre o dispositivo ou a área de superfície do dissipador de calor. No sistema, o fluxo de ar à volta do processador pode ser aumentado através de uma ventoinha adicional ou aumentando a potência da ventoinha existente. Além disso, a ordem pela qual o ar passa sobre os dispositivos pode afetar a quantidade de calor dissipado.

1.5.5 Ventiladores

As ventoinhas são frequentemente necessárias para ajudar a mover o ar dentro de um chassis. Uma ventoinha típica de velocidade variável tem capacidade para até 100 CFM de ar. A taxa de fluxo de ar está normalmente diretamente relacionada com o nível de ruído acústico da ventoinha e do sistema. Uma ventoinha pode ser colocada no topo de um dissipador de calor para produzir um impacto direto do ar no dissipador de calor para uma remoção eficiente do calor.

1.5.6 Alinhamento das alhetas

O alinhamento das alhetas na placa de base desempenha um papel importante, especialmente para os dissipadores de calor que são arrefecidos por ventoinhas instaladas lateralmente. Neste estudo, apenas são considerados os dissipadores de calor que são arrefecidos por ventoinhas na parte superior. Para os dissipadores arrefecidos lateralmente, o alinhamento das alhetas pode ser em linha ou escalonado.

1.5.7 Espessura da placa de base e altura das alhetas

Estes dois parâmetros do dissipador de calor devem ser tratados devido às limitações de espaço que se verificam regularmente. Espessura da placa de base para a distribuição uniforme do calor da aleta de placa de corte simples através da base do dissipador de calor, uma vez que os dispositivos electrónicos são geralmente mais pequenos do que os dissipadores de calor de placa de corte simples. Embora as placas de base sejam geralmente quadradas, podem também ser rectangulares, redondas ou de forma irregular.

1.6 Objectivos da investigação

O principal objetivo deste projeto é investigar teórica e experimentalmente o efeito da utilização de um sistema de arrefecimento eletrónico para manter o CPU abaixo da temperatura adequada para o componente eletrónico (85°C), utilizando vários parâmetros. O novo desenho atual permite poupar energia, diminuir o ruído e reduzir o nível de vibração.

1.7 Objectivos da investigação

Para atingir o objetivo acima referido, foram definidos os seguintes objectivos

1.   Reconhecer a atual tecnologia de arrefecimento.

2.   Estudar e interpretar as caraterísticas importantes da transferência de calor no interior de compostos fechados.

3.   Construir um projeto de sistema de arrefecimento inicial.

4.   Utilizar ferramentas numéricas avançadas para simular e otimizar a interpretação do sistema de arrefecimento de um computador.

5.   Conceber um projeto experimental para o sistema de arrefecimento interpretativo e comparar os resultados com os dados numéricos.

CAPÍTULO 2

REVISÃO DA LITERATURA

2.1 Estudos sobre a análise experimental e numérica de tubos de calor

Um grande número de analistas concentrou-se no arrefecimento por tubos de calor e não foram muitos os que examinaram o arrefecimento por fluidos para a CPU. Zhao e Avedisian (1997) introduziram uma investigação experimental sobre o movimento do calor de uma variedade de aletas de placa de cobre sustentadas por um tubo de calor de cobre e arrefecidas por uma corrente de vento restrita. A variável essencial é a altura da pilha de aletas, enquanto a inclinação do balanço, a velocidade da corrente de vento, a região da superfície e a forma do balanço são fixas. Os resultados mostram que, para determinadas condições, as pás de passo fixo sustentadas por um tubo de calor dispersam taxas de movimento de calor mais elevadas para uma temperatura de superfície semelhante do que os grupos de equilíbrio sustentados por um pólo forte. Os fluxos máximos de calor em estado estacionário e as potências totais foram medidos em 80 W cm^2 e 800 W, respetivamente, para a pilha de aletas mais alta estudada (10,16 cm) para uma velocidade do ar de aproximação de 5,9ms^1 e um aumento da temperatura da superfície acima da temperatura ambiente de 160°. Também é apresentada uma análise simplificada para prever a temperatura da superfície para uma entrada de calor conhecida para conjuntos de aletas de placa suportados por tubo de calor e por haste sólida.

1. Marongiuet *al*. (1998) examinaram o exame de tubos de calor em miniatura e outros materiais de elevada condutividade térmica que foram fundidos em Módulos Multi-Chip (MCM). Os limites que influenciam as capacidades de dispersão de calor, por exemplo, o material da lâmina, a altura da balança, a configuração do tubo de calor e a potência de sifão foram alterados e decompostos utilizando o Icepack. Um exame de teste da execução quente de um tubo de calor de placa nivelada foi discutido por Wang e Vafai (2000). Os resultados indicam que a temperatura ao longo das superfícies das paredes do tubo de calor é bastante uniforme. A possibilidade do tubo de calor é conhecida neste trabalho com a descrição dos atributos transitórios do tubo de calor de nível e uma conexão exacta para o tempo consistente, tanto quanto o movimento de calor de informação é mostrado. Os resultados experimentais em estado estacionário são contrastados e os resultados experimentais e descobertos como estando em arranjo aceitável.

2.1.1 Estudos de arrefecimento por tubos de calor para o CPU Pentium IV

1 *Kimet al*. (2003) propuseram um arrefecimento utilizando tubos de calor e sugeriram um módulo de arrefecimento para Pentium IVCPU com base na diferença de velocidade de agitação da ventoinha e procuraram a probabilidade de diminuir o ruído acústico. Desenvolveram um refrigerador utilizando um tubo de calor e a estabilidade térmica foi testada e comparada com a de um dissipador de calor com ventoinha. Para ultrapassar o fraco desempenho de arrefecimento do tubo de calor, foi desenvolvido um módulo acústico sob a forma de um permutador de calor remoto com tubo de calor. Concluiu-se que o módulo de arrefecimento com tubo de calor produziu baixo ruído acústico quando comparado com o módulo de arrefecimento com dissipador de calor.

2 Rittidech et al. (2005). É composto por duas partes principais, ou seja, a caixa de alumínio e o CEOHP. A caixa da casa foi concebida para ser adequada ao CEOHP. O projeto da CEOHP utiliza tubos de cobre: dois conjuntos de tubos capilares com um diâmetro interior de 0,002 m, um comprimento de evaporador de 0,05 m e um comprimento de condensador de

0,16 m, cada um dos quais com seis voltas sinuosas. O módulo de arrefecimento CEOHP tem melhor desempenho térmico do que o dissipador de calor convencional.

3 *Marongiuet al.* **(1998)** examinaram o exame de tubos de calor em miniatura e outros materiais de elevada condutividade térmica que foram consolidados em Módulos Multichip (MCM). Os limites que influenciam as capacidades de dispersão do calor, por exemplo, o material da lâmina, a altura da balança, a disposição do tubo de calor e o poder de sifonagem foram alterados e decompostos utilizando o Icepak. A investigação experimental do desempenho térmico de um tubo de calor de placa plana foi discutida por Wang e Vafai (2000). Os resultados das experiências em estado consistente são contrastados e os resultados científicos e descobertos como estando em compreensão aceitável.

2.1.2 Estudos de arrefecimento por tubos de calor para CPU de computadores de secretária

4 *Milleret al.*\(2007) descreveram a conceção de uma estrutura de arrefecimento por fluido de fase única de elevada execução térmica que foi utilizada para arrefecer fontes de calor únicas e numerosas no interior da estrutura do PC. A estrutura de arrefecimento de fluidos é composta por placas de cobre, permutador de calor, sifão difusivo, tubagem adaptável e foi incorporado um líquido de arrefecimento para uma longa vida útil.

O sistema de arrefecimento mostra placas frias de cobre com canais de mesoescala para captar o calor do processador central e das fontes de calor do tipo GPU e permutadores de calor fluido-ar profundamente produtivos com cilindros de cobre nivelados e balanços planos para mover o calor para o ar por convecção limitada. Uma bomba compacta altamente fiável é utilizada para fazer circular o fluido num circuito. O sistema global é integrado utilizando métodos de montagem e materiais com uma permeação de fluido muito baixa para uma longa vida útil.

5 **Feroz e Uddin (2009)** descreveram o desempenho da transferência de calor de tubos de calor paralelos em miniatura (MHPs) de 2,8 mm de diâmetro interno utilizados para arrefecer computadores de secretária com diferentes fluidos de trabalho, o que é apresentado neste artigo. Para o arrefecimento de processadores de secretária, os MHP são constituídos por seis tubos de calor de tubo único ligados por um bloco de cobre na secção do evaporador e quinze folhas de cobre paralelas utilizadas como alhetas externas na secção do condensador. Os resultados experimentais mostram que a temperatura máxima e a temperatura estável do processador foram reduzidas significativamente com a utilização de MHPs com acetona como fluido de trabalho em vez de uma ventoinha de arrefecimento convencional. A utilização adicional de uma ventoinha na secção do condensador resulta numa temperatura de superfície do processador muito mais baixa para ambos os fluidos de trabalho.

6 **.2 Estudos sobre a análise experimental e numérica do arrefecimento por jato impingido em dissipadores de calor**

Hoje em dia, os dispositivos de arrefecimento por impulsão de microjactos têm encontrado um grande número de aplicações no arrefecimento de componentes electrónicos. O impacto de microjactos é um método muito eficiente para remover uma grande quantidade de calor de uma placa uniformemente aquecida.

A maior parte dessas revisões da literatura incidiu sobre trabalhos experimentais. Até à data, pouco trabalho analítico e numérico foi relatado devido à natureza deste problema muito complexo. A maioria das investigações numéricas foi realizada em escoamentos bidimensionais num único jato de grandes dimensões.

2.2.1 Estudos experimentais de jactos de ar que colidem com o solo

6   Lin *et al.* (1997) realizaram experimentalmente um impacto de jato em fenda confinada para aplicações de arrefecimento eletrónico. Exploraram os efeitos paramétricos do número de Reynolds do jato e da distância de separação do jato nas caraterísticas de transferência de calor da superfície aquecida do alvo.

Com a medição da velocidade média do jato e das distribuições da intensidade da turbulência à saída do bocal, foram classificadas duas caraterísticas do escoamento do jato à saída do bocal: inicialmente laminar e regimes transitórios/turbulentos. Quanto à investigação do comportamento da transferência de calor em estagnação, número de Nusselt local e médio, o efeito da distância de separação do jato não foi significativo; enquanto o desempenho da transferência de calor aumentou com o aumento do número de Reynolds do jato. Os resultados numéricos existentes foram razoavelmente consistentes com os experimentais.

7   . Nishino *et al.* (1996) forneceram informações pormenorizadas sobre as perturbações na zona de estagnação de um fluxo axissimétrico que incide verticalmente numa placa de nível. As estimativas foram feitas num escritório de fluxo de água rebaixado a um número de Reynolds de cerca de 13.000, dependendo da velocidade de saída do jato e da largura do jato. A velocidade da molécula seguinte foi utilizada para a estimativa de fluxos excecionalmente tempestuosos perto do ponto de estagnação. O balanço energético médio foi analisado para explicar o impacto do peso tempestuoso no transporte energético médio.

8   *Janget al.* (2003) investigaram experimentalmente e numericamente o aumento da transferência de calor de um dissipador de calor em microcanais sujeito a um jato impingido. A fim de avaliar as distribuições de temperatura são medidas utilizando um conjunto de micro-sensores térmicos fabricados através de processos de microfabricação simples e cómodos. No artigo, os resultados experimentais da resistência térmica do dissipador de calor de microcanais sujeito a um jato impingido são comparados com os resultados numéricos. Além disso, o dissipador de calor de microcanais sujeito a um jato impingido mostra-se superior a um dissipador de calor de microcanais múltiplos como dispositivo de arrefecimento para equipamento eletrónico avançado com elevada produção de calor e tamanho compacto.

9   .2.2Estudos numéricos de jactos de ar que colidem com o solo

10   *Yongmannet al.* (2002) estudaram o movimento inseguro do calor provocado por um plano de impacto limitado utilizando a reprodução matemática direta (DNS). As condições NS compressíveis subordinadas ao tempo são resolvidas utilizando planos matemáticos de alta solicitação junto com condições de limite matemático de alta devoção. A separação instável do vórtice da parede nos casos de números de Reynolds mais elevados leva a um mínimo local e a um máximo secundário na distribuição do número de Nusselt.

11 Tien e Huang (2005) investigaram numericamente a viabilidade e a eficácia do arrefecimento por impacto de ar em dissipadores de calor com alhetas aplicadas em computadores pessoais. Foram discutidos os efeitos da altura e da largura das alhetas, da espessura da placa de base do dissipador de calor e da relação entre o espaçamento vertical entre o bocal e o dissipador de calor e o diâmetro do jato (z/D). Para um PC com uma CPU de 68,4 W, verificou-se que o efeito de arrefecimento utilizando o impacto do ar num dissipador de calor com z/D = 4 e uma largura de alheta de 4,13 mm para o número de Reynolds do jato (Re) entre 20000 e 25000 é comparável ao efeito de arrefecimento obtido utilizando refrigeradores tradicionais. Quando a largura da alheta é aumentada para 5,3 mm, o desempenho por impacto do jato melhora significativamente.

Especificamente, o desempenho de arrefecimento por impacto de jato para Re= 15000 e largura de alheta de 5,3 mm ultrapassa o desempenho de arrefecimento por dissipador de calor com ventoinha. Além disso, ao alterar o design do chassis do PC, a altura da alheta e z/D é aumentada de 32,75 mm para 38,05 mm e de 4 para 8, respetivamente. Verifica-se que o efeito de arrefecimento é ainda melhorado. Ao manusear CPUs com maior potência (> 80 W), o arrefecimento por impulsão por jato, juntamente com um design adequado do dissipador de calor e do chassis do PC, oferece outra opção possível.

12 *Mikhailet al.* (1982) estudaram o escoamento laminar 2D a partir de uma fila de ranhuras de impacto, onde investigaram dois tipos de perfis de velocidade de entrada, parabólico e uniforme. Eles relataram que o perfil parabólico resulta em valores mais altos tanto do número de Nusselt médio quanto do número de Nusselt local na região de estagnação. Além disso, os seus resultados também mostraram que o número de Nusselt médio aumenta à medida que o espaçamento entre o bocal e a placa diminui.

13 Law e Masliyah (1984) utilizaram um modelo numérico 2-D para estudar um jato de impacto laminar. Estes tipos de jactos são menos utilizados do que os jactos turbulentos. No entanto, podem ser encontrados na prática, especialmente quando o espaçamento Zn entre o jato e a placa é pequeno e não é desejável uma pressão de estagnação muito elevada. Os autores estudaram experimental e numericamente as caraterísticas do escoamento de um jato laminar confinado que colide com uma placa plana.

14 Baughn e Shimizu (1989) relataram que a distância entre o jato e a placa não só afecta a taxa de transferência de calor, como também tem um efeito significativo na distribuição local do coeficiente de transferência de calor. Eles usaram uma placa uniformemente aquecida em conjunto com cristais líquidos para medir a distribuição de temperatura. Eles descobriram que para uma distância jato-placa de 6 diâmetros de jato e um número de Reynolds de cerca de 20.000 influencia a taxa de transferência de calor.

15 3 Estudos sobre a análise experimental e numérica de vários tipos de dissipadores de calor para arrefecimento de eletrónica

Nesta secção, muitos investigadores investigaram experimentalmente o desempenho de dissipadores de calor para arrefecimento de componentes electrónicos. Nestas publicações, não só se discute o desempenho de várias geometrias de dissipadores de calor, como a aleta de placa, a aleta de pino, a aleta elíptica, a aleta de tira, mas também os dissipadores de calor de microcanais, os dissipadores de calor de meios porosos e os dissipadores de calor com espuma metálica.

2.3.1 Estudos experimentais e numéricos de dissipadores de calor com alhetas de placa

14.Chiang (2005) descreve um método eficaz para prever e otimizar o desempenho de arrefecimento do dissipador de calor Parallel-Plain Fin (PPF) com base no método Taguchi. As análises de simulação numérica do módulo do dissipador de calor PPF foram construídas para compreender a situação que afecta os parâmetros de modelação relacionados. Os parâmetros de conceção avaliados são a conceção do contorno do módulo do dissipador de calor e a capacidade de vento do ventilador, e a temperatura mais elevada (ou resistência térmica) deste módulo é considerada como as caraterísticas de desempenho. A partir das análises de simulação numérica, foram encontrados os parâmetros de conceção óptimos para obter o valor mais baixo da temperatura mais elevada (ou resistência térmica), tendo o valor da temperatura mais elevada diminuído para 8,009°C e melhorado cerca de 15,01%. O resultado das análises dos factores de ruído mostrou que os dois factores variáveis notáveis são o ventilador elétrico e a folga do floco de aleta.

15. Arularasan e Velraj (2008) selecionaram uma conceção óptima de dissipador de calor no seu trabalho de investigação. Foram realizados estudos preliminares sobre o escoamento do fluido e as caraterísticas de transferência de calor de um dissipador de calor de placas paralelas através de modelação e simulações de dinâmica de fluidos computacional. Neste trabalho, foram considerados os parâmetros geométricos altura da aleta, espessura da aleta e passo da aleta. Neste trabalho de investigação, o design ótimo do dissipador de calor é realizado num dissipador de calor de placas paralelas utilizando o estudo CFD. Foram efectuados estudos experimentais com um dissipador de calor de placas paralelas para validar o modelo do dissipador de calor. Os resultados e as conclusões deste trabalho beneficiam os engenheiros de projeto envolvidos no arrefecimento de componentes electrónicos.

16. Kim *et al*. (2008) compararam os desempenhos térmicos dos dois tipos de dissipadores de calor mais utilizados no arrefecimento eletrónico: dissipadores de calor do tipo "plate-fin" e do tipo "pin-fin".

Para obter o escoamento do fluido e as caraterísticas térmicas dos dissipadores de calor, é efectuada uma investigação experimental. Com base nos resultados experimentais do presente estudo e nos dados disponíveis na literatura existente, são sugeridas as correlações do fator de atrito e do número de Nusselt para cada tipo de dissipador de calor. Utilizando as ligações, são analisadas as protecções quentes dos dissipadores avançados de lâminas e de pinos sob condições fixas de potência de sifonagem. Por fim, é introduzido um mapa de forma, a proporção das protecções quentes dos dissipadores de calor avançados de lâmina de corte escaldante e de equilíbrio de pinos como um elemento de potência de sifonagem sem dimensão e comprimento sem dimensão.

17.*Binetal*.(2008) utilizaram o conceito de alhetas com ranhuras para melhorar a Arularasan e Velraj (2008) selecionaram um design ótimo de dissipador de calor no seu trabalho de investigação, foram realizados estudos preliminares sobre o fluxo de fluido e as caraterísticas térmicas de um dissipador de calor de placas paralelas através de modelação e simulações CFD. Os parâmetros geométricos altura da aleta, espessura da aleta e passo da aleta foram considerados neste trabalho. Neste trabalho de investigação, o design ótimo do dissipador de calor é realizado num dissipador de calor de placas paralelas utilizando o estudo CFD. Foram efectuados estudos experimentais com um dissipador de calor de placas paralelas para validar o modelo do dissipador de calor. Os resultados e as conclusões deste trabalho beneficiam os engenheiros de projeto envolvidos no arrefecimento de componentes electrónicos

18. Kim*et al*. (2008) compararam o desempenho térmico dos dois tipos de dissipadores de calor mais regularmente utilizados no arrefecimento de equipamentos electrónicos: dissipadores de calor de prato-balanço e dissipadores de calor de pino-lâmina. Para obter o fluxo de líquido e os atributos térmicos dos dissipadores de calor, é efectuado um exame experimental. À luz das consequências experimentais da presente investigação e da informação acessível a partir da presente escrita, são propostas as relações entre o fator de fricção e o número de Nusselt para cada tipo de dissipador de calor. Finalmente, é apresentado um mapa de contorno que mostra a relação entre as resistências térmicas dos dissipadores optimizados de placa e de pino em função da potência de bombagem adimensional e do comprimento adimensional.

19.Kim e Kim (2009) estudaram experimentalmente os efeitos dos cortes transversais no desempenho dos dissipadores de calor em condições de fluxo paralelo. Para determinar os efeitos do comprimento, da posição e do número de cortes transversais, foram fabricados dissipadores de calor com um ou vários cortes transversais de 0,5 mm a 10 mm.

A queda de pressão e a resistência térmica dos dissipadores de calor são obtidas na gama de

0,01 W<Pp< 1 W. Os resultados experimentais mostram que, de entre os muitos parâmetros de conceção do corte transversal, o comprimento do corte transversal tem a influência mais significativa no desempenho térmico dos dissipadores de calor. Os resultados também mostram que os dissipadores de calor com um corte transversal são superiores aos dissipadores de calor com vários cortes transversais no que respeita ao desempenho térmico. As correlações do fator de atrito e do número de Nusselt para os dissipadores de calor com um corte transversal são sugeridas através de resultados experimentais. Através do processo de otimização, são comparados os desempenhos térmicos de três tipos de dissipadores de calor, um dissipador de calor de aleta de placa, um dissipador de calor de aleta de pino quadrado e um dissipador de calor de corte transversal, sob a restrição de uma potência de bombagem fixa e um volume de dissipador de calor fixo. Finalmente, é obtido um mapa de contorno que mostra o tipo ótimo de dissipador de calor em função da potência de bombagem adimensional e do comprimento do dissipador de calor.

20.Binet *al.* (2008) utilizaram o conceito de alheta ranhurada para melhorar o desempenho de arrefecimento do ar de alhetas de placa em dissipadores de calor. Foram efectuadas simulações numéricas da transferência de calor laminar e da queda de pressão do escoamento para os dissipadores de calor com alheta de placa integral, alheta de placa discreta e alheta com fenda discreta. Verifica-se que o desempenho da aleta de placa discreta é melhor do que o da aleta de placa contínua integral e que o desempenho da aleta ranhurada é melhor do que o da aleta de placa discreta com a mesma potência de bombagem da ventoinha. Propõe-se então um novo tipo de dissipador de calor caracterizado por superfícies de alhetas discretas e ranhuradas com alhetas mais finas e espaços mais pequenos entre as alhetas. Um cálculo preliminar mostra que este tipo de dissipador de calor pode ser útil para a próxima geração de CPUs de carga térmica mais elevada. É também abordado o limite da capacidade de arrefecimento das técnicas de arrefecimento a ar.

2.3.2 Análise experimental e CFD de dissipadores de calor para computadores de secretária

Neste capítulo, vários investigadores trabalharam no problema da transferência de calor conjugada, ou seja, condução e convecção simultâneas, em sistemas electrónicos através de CFD. Este estudo utiliza CFD para as simulações de transferência de calor conjugada num chassis de computador completo. O Icepack e o FLUENT são utilizados simultaneamente para os cálculos de CFD. Na última década, houve uma grande diminuição no custo das aplicações de CFD com o desenvolvimento de novas estações de trabalho e computadores pessoais. A CFD é uma ferramenta muito poderosa no sentido em que podem ser obtidos dados qualitativos e quantitativos se a CFD for complementada por experiências. O número de dados que se pode obter é limitado nas experiências, mas a CFD é muito útil para oferecer um grande conjunto de dados. Por conseguinte, a CFD pode ser utilizada para minimizar o número de experiências e alternativas de conceção.

21. Linton e Agonafer (1994) apresentaram uma abordagem alternativa para modelar o arrefecimento de caixas em embalagens electrónicas e compararam os resultados da modelação CFD detalhada de um dissipador de calor com dados experimentais. É utilizado um código de simulação de volume de controlo finito para simular um computador pessoal de secretária IBM. Em seguida, apresentaram uma técnica para o dissipador de calor de uma forma grosseira para simulações menos demoradas. O seu modelo grosseiro concorda bem com o modelo detalhado sem perder as caraterísticas do dissipador de calor.

22.Biswas et *al.* (1999) também utilizaram o Icepack para estudar o fluxo de ar numa caixa eletrónica compacta. O seu objetivo foi investigar a perda de pressão devida à presença de grelhas de entrada e saída. Consideraram a possibilidade de utilizar as curvas do ventilador obtidas junto do fabricante, uma vez que a curva do ventilador pode ser modificada se o ventilador não tiver uma conduta estreita

23. *Changet al.*(2000) apresentaram os resultados da análise CFD para arrefecer a CPU de 30W de um computador de secretária com um caudal de ar mínimo e um dissipador de calor de dimensão mínima. No documento, descreve-se a metodologia da análise CFD para o dissipador de calor e a conceção das condutas e comparam-se os resultados experimentais com os resultados CFD.

2.4 Âmbito e objectivos da tese

A partir da revisão da literatura, a gestão térmica da CPU foi investigada com tubos de calor e dissipadores de calor incorporados, experimentalmente e numericamente, para computadores de secretária. Muitos dos resultados das investigações permitiram chegar a conclusões interessantes sobre a gestão térmica da CPU, que incluem o arrefecimento por líquido utilizando permutadores de calor de microcanais, microcanais gravados em silício, arrefecimento por impacto de ar e dispositivos termoeléctricos. Foi efectuado um extenso trabalho experimental para investigar o desempenho dos dissipadores de calor através da variação dos parâmetros e da geometria das aletas. Mas, na análise da gestão térmica da CPU, o efeito da placa de base no dissipador de calor do processador tem recebido menos atenção e a análise CFD do dissipador de calor com todo o chassis do computador não tem sido muito abordada. No entanto, na literatura, há falta de informação detalhada sobre o arrefecimento de computadores de secretária. As especificações geométricas para o dissipador de calor utilizadas nos vários estudos na literatura são: dissipadores de calor com alhetas relativamente espessas (1,5 mm), espaçamento moderado entre alhetas (2,5 mm) e dimensões do dissipador de calor (60 mm x 80 mm). Não foram efectuados muitos trabalhos para avaliar o desempenho dos dissipadores de calor com dimensões inferiores a 60 mm x 80 mm, espessura das alhetas de 1 mm e espaçamento das alhetas de 1,5 mm. No entanto, nenhum destes trabalhos se debruçou sobre o efeito de diferentes materiais e espessuras da placa de base. A otimização do desempenho do dissipador de calor com diferentes placas de base requer mais atenção. Assim, a principal motivação deste estudo é compreender os fenómenos de arrefecimento dos dissipadores de calor com placa de base num computador de secretária. Os objectivos da tese são os seguintes:

1. Simular numericamente o campo de fluxo e a distribuição de temperatura no chassis do computador com diferentes dissipadores de calor.

2. Comparação numérica da resistência térmica de dissipadores de calor com diferentes geometrias de aletas.

3. Estimativa experimental e numérica da resistência térmica de dissipadores de calor com aletas de placa.

4. Examinar o efeito do passo das alhetas, da espessura das alhetas, do material da placa de base e da espessura da placa de base no desempenho térmico dos dissipadores de calor através de simulação numérica.

5. Comparação da melhoria do desempenho térmico do dissipador de calor com diferentes materiais de base e estimativa da sua espessura.

6. Desenvolver uma correlação para a resistência térmica do dissipador de calor.

CAPÍTULO 3

INVESTIGAÇÕES EXPERIMENTAIS

3.1 Configuração e procedimento experimental

Esta configuração de teste não é efectuada para todo o sistema do chassis do computador. A fonte de alimentação está ligada ao regulador de tensão constante e também é fornecida ao scanner de temperatura. A alimentação é distribuída ao regulador de corrente contínua a partir do regulador de tensão constante. A disposição de teste é orquestrada com um aquecedor elétrico de 30 x 30 mm como fonte de calor para copiar um processador e é fornecida por uma fonte de alimentação de fluxo direto. Uma tira de radiador é anexada a um pedaço de placa de circuito que, por conseguinte, é montada num pedaço de isolamento. A figura 3.1 indica o gráfico esquemático do plano de experimentação. Como fonte de calor para um processador, uma tira de 30 x 30 mm é ligada a vários dissipadores de calor e aquece com cargas térmicas de 100W. Uma vez que o dispositivo de acompanhamento é um modelo de área aberta, a temperatura do ar é a temperatura do ar soprado para o dissipador de calor. O ar climático passa através do dissipador de calor, que é aquecido e depois é esvaziado por uma ventoinha. As temperaturas são registadas e utilizadas para calcular a oposição térmica do dissipador de calor. Trata-se de um tipo de circuito aberto constituído por um motor de corrente contínua de velocidade variável de 1/2 cavalo que controla um ventilador

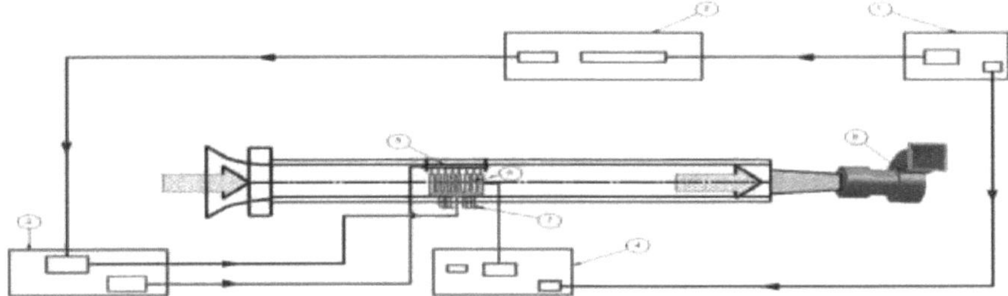

Figura 3.1 Esquema da instalação experimental

1. fonte de alimentação, 2. regulador de tensão, 3. fonte do regulador DC, 4. scanner de temperatura,
5. Ventilador 6. Dissipador de calor, 7. Termopares 8. Ventilador

Figura 3.2 Estrutura interna do computador de secretária

3.2 Seleção da conceção do dissipador de calor

Neste trabalho, em vez de aumentar a altura da base, são fixadas diferentes placas de base com dissipador de calor para melhorar o desempenho. A placa paralela de corte único de balanços expelidos e uma placa de base de 3,5 mm de espessura são feitas de material de alumínio. Além disso, para melhorar o movimento do calor, a placa de base de alumínio de 5 mm, as placas de base de cobre de 2,5 mm, 5 mm de espessura e ccc foram fornecidas como um espalhador para direcionar o calor do processador da CPU. A configuração do dissipador de calor de corte simples é mostrada na Figura 3.2. Para todas as geometrias de aletas de 40 mm de altura, 54 mm x 65 mm de placa de base do dissipador de calor, há 5 mm de liberdade entre o estoque e as pontas de equilíbrio do dissipador de calor no ritmo de fluxo de 30CFM. O passo da lâmina varia de 1,5 mm a 3,5 mm e são selecionadas diferentes espessuras de aleta de 3 mm, 4 mm e 5 mm.

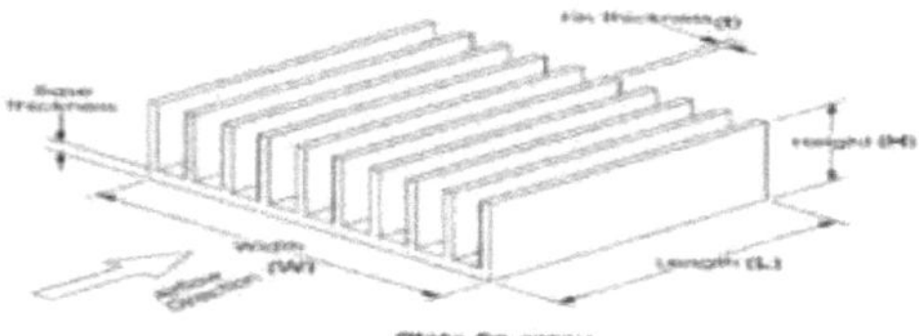

Figura 3.3A configuração do dissipador de calor

3.3 Termopares

Juntamente com o sistema de controlo de temperatura, os termopares são utilizados para medições de temperatura. Para medir a temperatura, a forma mais comum é adquirir termopares. Os termopares são dispositivos simples, produzidos através da soldadura de duas ligas diferentes numa extremidade. A extremidade soldada é considerada como um ponto quente e as outras duas extremidades abertas são consideradas como pontos frios. O princípio de funcionamento dos termopares baseia-se na medição da diferença de temperatura entre o ponto quente e o ponto frio. Os termopares utilizados nas experiências têm um erro de medição de ± 0,2 C.

O aparelho de medição da temperatura modelo TR 7576 é utilizado para registar as diferentes temperaturas pontuais que produzem uma exatidão de medição de ± 1C.

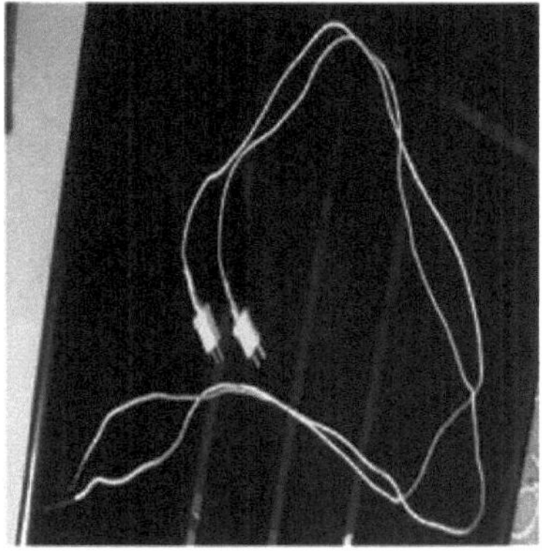

Termómetro Termopares
Figura 3.4 Termómetro

São utilizados catorze termopares para a estimativa da temperatura. Para quantificar a temperatura máxima do dissipador de calor, seis termopares são unidos na placa de base do dissipador de calor. Os quatro termopares estão situados a 8 mm dos dois lados da fonte de calor e o quinto e sexto termopares estão posicionados a 7 mm de distância dos termopares anteriores nos lados esquerdo e direito da fonte de calor. Dos oito termopares, quatro são colocados na parte superior central do dissipador de calor.

Os outros quatro termopares são colocados nos lados direito e esquerdo do dissipador de calor.

A temperatura máxima da base do dissipador de calor e a temperatura mínima da superfície superior são utilizadas para determinar a resistência térmica do dissipador de calor.

$$R = \frac{Tb.avg - Ttsavg}{Q}$$

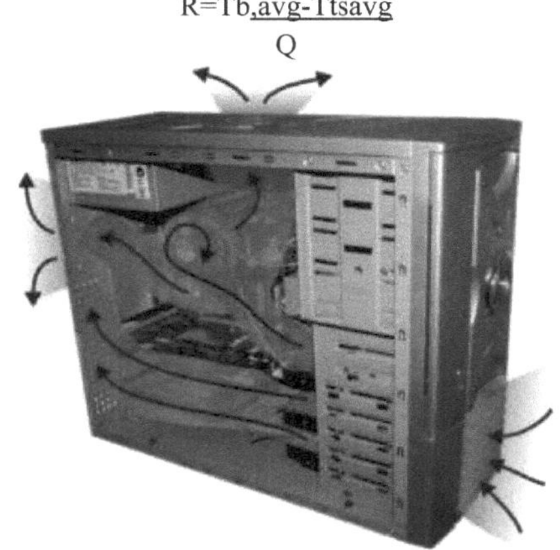

Figura3.5 Direção do arrefecimento do ar na CPU

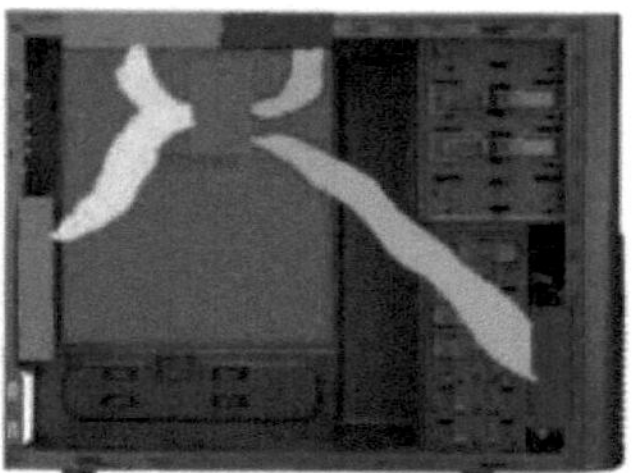

Figura 3.6 Parte mais quente

3.4 Efeito da densidade das alhetas no desempenho térmico do dissipador de calor

Para verificar os efeitos da densidade das alhetas, foi fabricado um dissipador de calor com várias densidades de alhetas e as suas resistências térmicas foram investigadas experimentalmente.

A Figura 3.7 mostra os efeitos da densidade das alhetas na resistência térmica dos dissipadores de calor. O número de alhetas aumenta com o aumento ou a diminuição da espessura e do passo das alhetas. A resistência térmica do dissipador de calor é fortemente afetada pelo aumento do número de alhetas para todas as bases. Pode observar-se que o desempenho do dissipador de calor não é afetado pelo aumento das alhetas de 18 para 20 para os dissipadores de calor de alumínio e de base ccc de 5 mm. O desempenho do dissipador de calor aumenta até 1% com a adição de duas alhetas. Do mesmo modo, o desempenho dos dissipadores de calor não é melhorado com o aumento do número de alhetas de 24 para 28. Ao aumentar a densidade das alhetas de 18 para 20 e de 24 para 28 nos dissipadores de calor à base de cobre, o desempenho do dissipador de calor diminui. O desempenho térmico do dissipador de calor varia de acordo com o número de alhetas até cerca de 22%. No entanto, note-se que o dissipador de calor com um número de alhetas de 24 é superior ao outro número de alhetas.

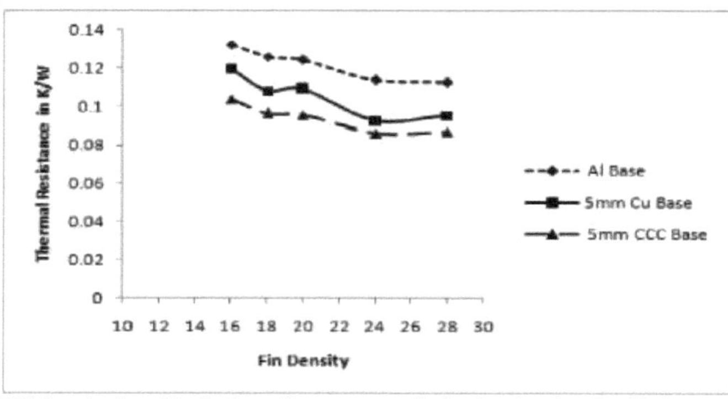

Figura 3.7 Efeito da densidade das alhetas na resistência térmica do dissipador de calor

3.5 Efeito da espessura das alhetas e da condutividade térmica na distribuição da temperatura de base do dissipador de calor

A variação da temperatura de base dos dissipadores de calor em diferentes pontos é medida por termopares. A influência da espessura da alheta na distribuição da temperatura na base dos dissipadores de calor de alheta de placa é investigada e representada na figura 3.8. A altura da aleta e o tamanho da base do dissipador de calor são considerados constantes. A área do aquecedor é de 30 x 30 mm, que se encontra no centro do dissipador de calor. A área de aquecimento é aquecida com uma potência de aquecimento de 100 W.

As condições de fronteira térmica adiabáticas são utilizadas no perímetro exterior da base do dissipador de calor, exceto na área de aquecimento. Os termopares 1 e 2 são colocados a 8 mm de distância dos lados esquerdo e direito da fonte de calor e os termopares 3 e 4 são colocados a 8 mm de distância da parte superior e inferior da fonte de calor. Os termopares 5 e 6 são colocados a 7 mm de distância dos termopares 1 e 2.

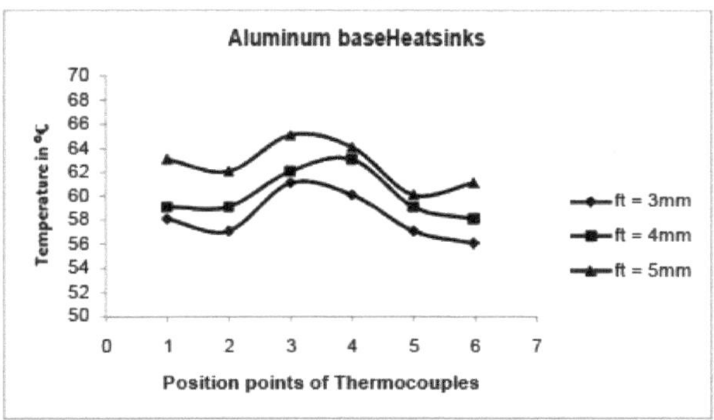

Figura 3.8 Efeito da espessura das alhetas na distribuição da temperatura na base do dissipador de calor

diminuída com o aumento da espessura das alhetas. Embora os pontos de posição dos termopares 1, 2, 3 e 4 sejam os mesmos em relação à fonte de calor, a temperatura de base do dissipador de calor nos pontos 3 e 4 é mais elevada. Isto significa que a distribuição da temperatura do dissipador de calor não é uniforme e que a taxa de condução é maior ao longo do comprimento do dissipador de calor. É evidente que a temperatura de base do dissipador de calor nos pontos 3 e 4 é mais elevada para todas as espessuras de alhetas. A temperatura de base do dissipador de calor em vários pontos está a diminuir até 4°C ao aumentar a espessura das alhetas de 3 mm para 5 mm. Por conseguinte, o desempenho do dissipador de calor é melhorado. Apenas a condutividade térmica da placa de base do dissipador de calor foi variada e a condutividade térmica das alhetas foi mantida constante.

3.1 Tabela de observação

Nº Sr.	Temperatura 0°C	Base de baixo para cima Poção de medição
1	65	3mm
2	62	6mm
3	59	8 mm
4	58	10 mm
5	54	12 mm

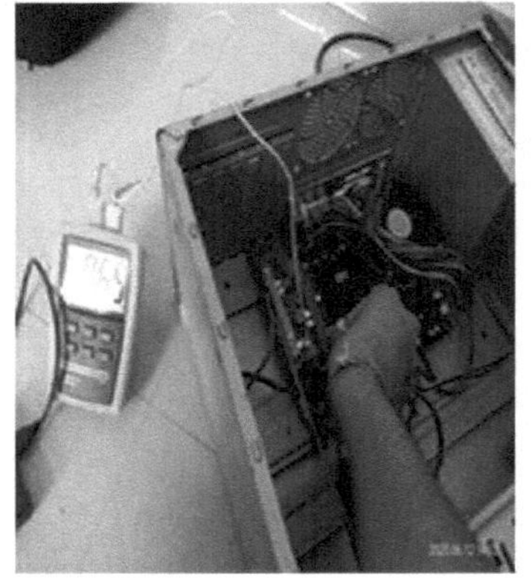

Ponto de medição de 3 mm de baixo para cima

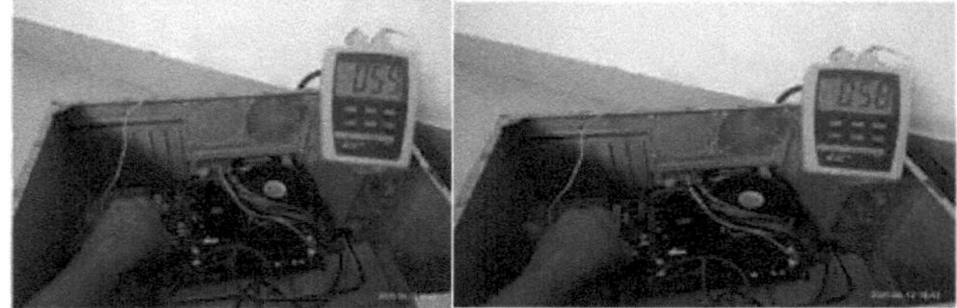

De baixo para cima 8 mm De baixo para cima 10 mm

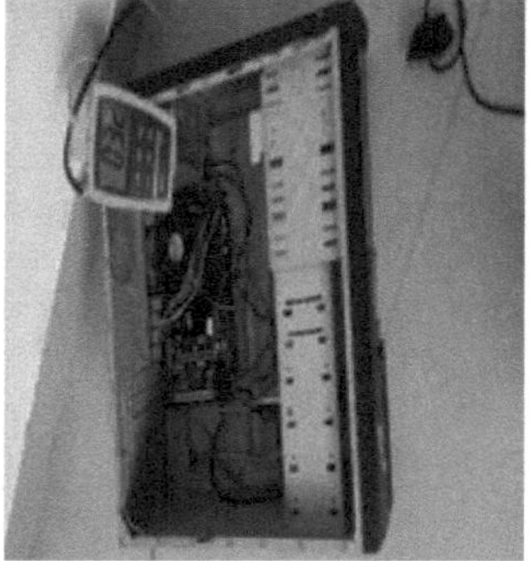

De baixo para cima 12 mm Temperatura atmosférica
Figura 3.9 (Leituras experimentais do termopar na base dos dissipadores de calor)

CAPÍTULO 4

EQUAÇÕES DIRECTORAS E METODOLOGIA

As principais fases de uma simulação CFD são o pré-processamento, o solucionador e o pós-processamento. O pré-processamento é a parte mais demorada, em que se prepara a formulação do problema e a construção de uma malha computacional. O segundo passo é a execução do solver. São discutidos os pormenores do solucionador, tais como a discretização das equações governantes e a solução das equações algébricas resultantes. Este passo termina quando a solução converge. O último passo é a parte de pós-processamento, utilizada para rever e apresentar os resultados. O presente trabalho considera um sistema de computador de secretária com cabina ATX. A simulação CFD do sistema de computador de secretária foi efectuada com diferentes tipos de dissipadores de calor com placa de base. Os diferentes dissipadores de calor com materiais de placa de base foram concebidos para arrefecer uma CPU de 100W.

4.1 Descrição do problema

O domínio computacional CFD do presente computador de secretária é apresentado na Figura 4.1. No presente estudo, a placa principal, o dissipador de calor e todos os outros componentes estão incluídos no chassis do computador de secretária. Existem numerosas outras fontes de calor, para além da CPU. Algumas delas estão na placa principal, outras estão anexadas à placa principal e outras estão na parte inferior do chassis (por exemplo, DVD). O chassis é apresentado utilizando as medidas (352 mm x 418 mm x 179 mm) de um chassis típico por quadrados vazios, e as partes interiores são apresentadas como artigos. Durante a demonstração, todos os segmentos da estrutura são peças de tamanho padrão e as medidas são obtidas por estimativa. O dissipador de calor com várias aletas de placa descrito no capítulo 3.2 é modelado com especificações que são utilizadas para melhorar a transferência de calor do CPU de 100 W.

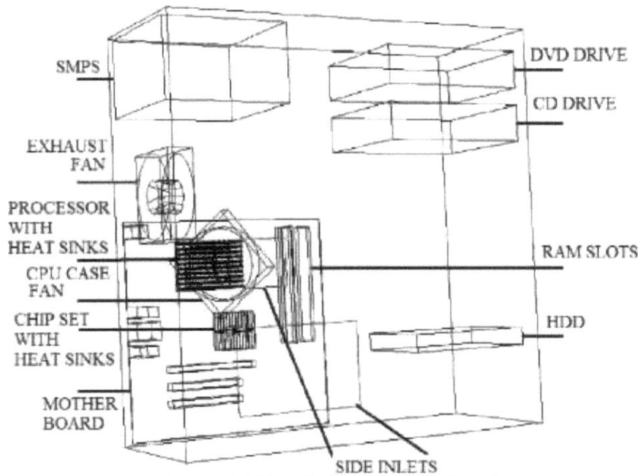

Figura 4.1 Domínio computacional

A CPU está a ser demonstrada como uma zona de 2 dimensões que fornece 100W. Pensa-se no território de 30mm x 30mm de um CPU que é acessível ao CPU AMD. Para simplificar, a placa-mãe e a placa de chipset são modeladas com espessura zero. A ventoinha do CPU é modelar e não tem ventilador. As placas de memória são fixas na placa-mãe. São também fontes de calor e o dimensionamento exato do espaço entre as placas de RAM é difícil. A fonte de alimentação é uma geometria muito complexa sobre um dissipador de calor que inclui componentes eléctricos, cablagem e dissipadores de calor. É aceite como um meio fixo que aplica uma oposição aos fluxos de corrente de vento de arrefecimento. A SMPS (fonte de alimentação comutada) e algumas placas estão a ser exibidas e numerosas partes electrónicas nestas placas não estão a ser demonstradas. Admite-se que a dissipação de calor no interior da caixa da fonte de alimentação afecta de forma negligenciável a temperatura da caixa da CPU. Doravante, no presente modelo matemático, a dispersão de calor no interior da caixa da fonte de alimentação não é considerada; é modelada como uma resistência hidráulica. O chassis da CPU do computador tem orifícios num sistema que são utilizados para permitir a sucção de ar para arrefecimento e a descarga de ar quente através da saída

4.1.1 Dissipação de potência de vários componentes

A unidade de disco rígido, a unidade de CD e o DVD são modelados como objectos fixos com geração volumétrica uniforme de calor no seu interior. A dissipação de potência dos componentes no interior do sistema é apresentada na Tabela 4.1.

Tabela 4.1 Dissipação de potência de vários componentes de um sistema

Nome do objeto	Material	Taxa de dissipação de calor em Watts
CPU	Silício	100
Dissipador de calor da CPU	Al - Cu	-
CD	Al	15
DVD	Al	15
DISCO RÍGIDO	Al	20
Alimentação eléctrica	Poroso	75

4.1.2. Condições do ventilador

No sistema de arrefecimento da CPU, são utilizadas duas ventoinhas, uma das quais produz um jato para arrefecer o processador localmente e a outra ventoinha é colocada no chassis da CPU, que produz uma corrente de ar induzida para o arrefecimento geral da CPU. Cada um desses ventiladores é modelado usando um bloco sólido, um bloco fluido e um ventilador 2D. O ventilador do processador tem 60 mm de diâmetro. As condições das ventoinhas estão listadas na tabela 4.2. A entrada de ar é modelada como uma abertura de entrada com um coeficiente de perda especificado, direção do fluxo, pressão e temperatura de entrada. A intensidade de turbulência de 5% é prescrita na entrada e na saída, o que representa níveis baixos de intensidade de turbulência numa aplicação deste tipo.

Tabela 4.2 Condições do ventilador

Nome do ventilador	Aumento da pressão	Caudal de calor
CPU Ventoinha do dissipador de calor	30 Pa	30CFM
Ventilador da caixa	40 Pa	40CFM

4.2 Equações governantes para o escoamento de fluidos e transferência de calor

O fluxo de fluido convectivo forçado é regido pela equação da continuidade, pelas equações do momento (equações de Naiver-Stokes) e pela equação da energia. Assume-se que o escoamento do fluido é estável, tridimensional, incompressível e turbulento.

As equações turbulentas são derivadas da seguinte forma:

Equação de continuidade

$$\nabla(\rho\vec{V}) = 0 \tag{4.1}$$

Equações de momento

$$\nabla(\rho u\vec{V}) = -\frac{\partial p}{\partial x} + \frac{\partial \tau_{xx}}{\partial x} + \frac{\partial \tau_{yx}}{\partial y} + \frac{\partial \tau_{zx}}{\partial z} + B_x \tag{4.2}$$

$$\nabla(\rho v\vec{V}) = -\frac{\partial p}{\partial y} + \frac{\partial \tau_{xy}}{\partial x} + \frac{\partial \tau_{yy}}{\partial y} + \frac{\partial \tau_{zy}}{\partial z} + B_y \tag{4.3}$$

$$\nabla(\rho w\vec{V}) = -\frac{\partial p}{\partial z} + \frac{\partial \tau_{xz}}{\partial x} + \frac{\partial \tau_{yz}}{\partial y} + \frac{\partial \tau_{zz}}{\partial z} + B_z \tag{4.4}$$

Equação de energia

$$\nabla(\rho h\vec{V}) = \nabla\, k\nabla T + g \tag{4.5}$$

Na equação de energia 4.5, a função de dissipação viscosa é omitida devido ao facto de o escoamento não ser nem de alta velocidade nem de alta viscosidade, o que acontece no interior do computador

Em escoamentos turbulentos, a variável de campo instantânea ϕ, tal como a velocidade do escoamento, a pressão e a temperatura, pode ser aproximada por

$$\phi = \Phi + \varphi$$

Após substituir as componentes média e flutuante das variáveis de fluxo nas equações 4.1 a 4.5 e aplicar o cálculo da média de Reynolds, obtém-se o seguinte conjunto de equações.

Equação de continuidade

$$\nabla(\rho\vec{V}) = 0 \tag{4.7}$$

Equações de momento

$$\nabla(\rho u\vec{V}) = -\frac{\partial p}{\partial x} + \nabla(\mu_{eff}\nabla u) - \frac{\partial\left(\overline{\rho u'^2}\right)}{\partial x} - \frac{\partial\left(\overline{\rho u'v'}\right)}{\partial y} - \frac{\partial\left(\overline{\rho u'w'}\right)}{\partial z} + B_x \tag{4.8}$$

Equação de energia

$$\nabla(\rho h\vec{V}) = -p\nabla\vec{V} + \nabla(k_{eff}\nabla T) + g \tag{4.9}$$

em que μ_{eff} é a viscosidade efectiva, k_{eff} é a condutividade térmica efectiva. [ff]
Para a transferência de calor conjugada do dissipador de calor e da parede do chassis, cada conjunto de equações acima deve
ser resolvido com a equação da energia sólida.

4.3 Condições de fronteira

4.3.1 Condições de fronteira hidrodinâmicas

A velocidade é zero em todas as fronteiras, exceto na entrada e na saída.

1. Nas paredes interiores do domínio é aplicada a condição de fronteira de não

deslizamento.

u = 0, v =0, w =0

2) Atinlet

p = $_{pin}$, v =0 , w =0.

3. no ponto de venda

p = $_{pout}$, u =0 , v = 0 .

4.3.2 Condições de fronteira térmica

O chip da CPU é referido como uma região quadrada de 30 mm por 30 mm na parte inferior do dissipador de calor. que é calculado com base no valor total de dissipação de calor, especificado na tabela

$$\nabla(\rho w \vec{V}) = -\frac{\partial p}{\partial z} \quad \nabla(\mu_{eff}\nabla w) - \frac{\partial(\overline{\rho u'w'})}{\partial x} - \frac{\partial(\overline{\rho v'w'})}{\partial y} - \frac{\partial(\overline{\rho w'^2})}{\partial z}$$

1. Na entrada

T = Estanho

2. na saída

$$\frac{dT}{dz}=0.$$

CAPÍTULO- 5

RESULTADOS E DEBATES

Na modelação do dissipador de calor dos acessórios de arrefecimento, começa-se por preparar a geometria no software Creo e fazer o 3D dessa peça também no Creo. Depois de completar a preparação da geometria neste software, é necessário limpar a geometria, de modo a eliminar as peças desnecessárias e, por fim, aplicar esse modelo de ficheiro para a criação de malhas no ICEM CFD.

A modelação é o processo de criação de um modelo que representa a construção e o funcionamento de um sistema de interesse. A nossa proposta de um modelo é permitir ao analista encontrar o efeito de alterações no sistema. Um modelo deve ser uma estimativa próxima do sistema real e incorporar a maioria das caraterísticas mais importantes, não deve ser tão complexo que seja impossível de compreender e experimentar

5.1 MODELAÇÃO DO DISSIPADOR DE CALOR NO CREO 2.0

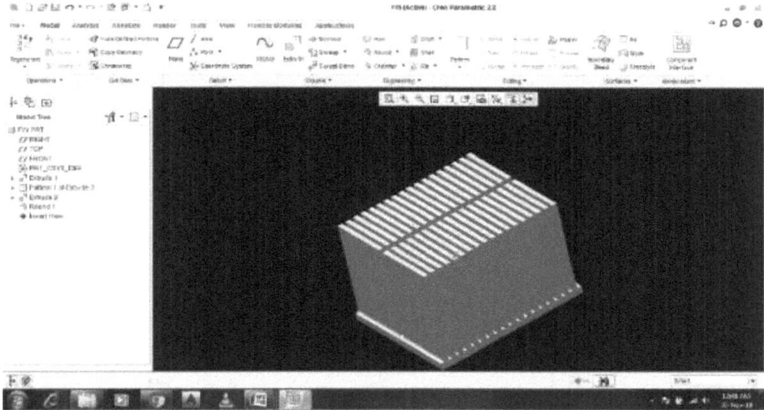

Figura 5.1 Modelação do dissipador de calor no Creo 2.0

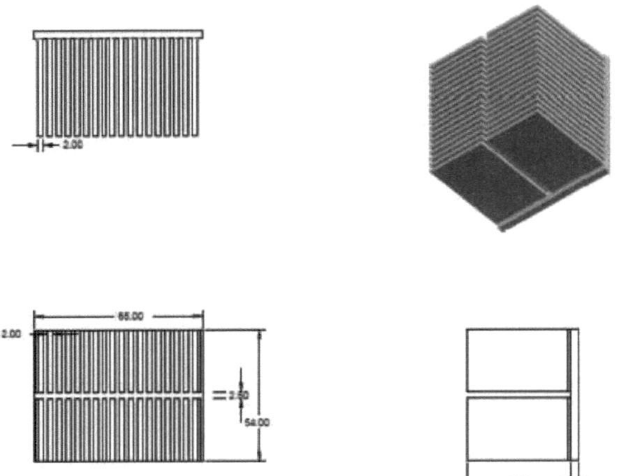

Figura 5.2 Vista ortográfica 5.2 MODELAGEM DA CPU NO ANSYS DESIGN MODELLER

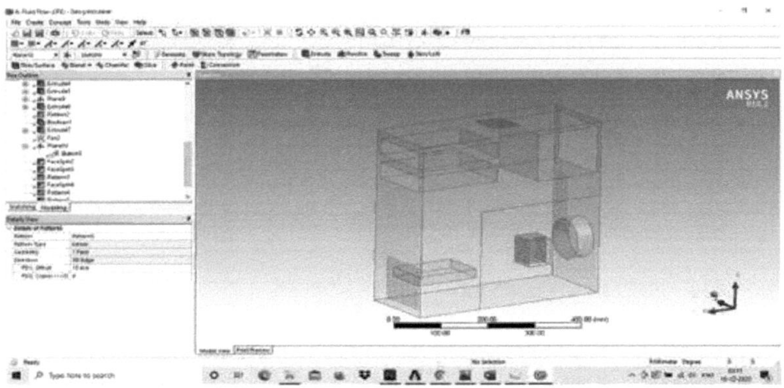

Figura 5.3 Modelação da CPU no Design Modeler

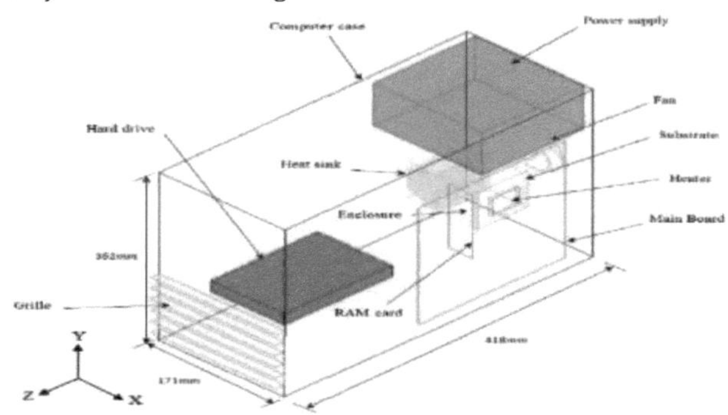

Figura 5.4 Diagrama esquemático do modelo físico numérico

5.3 Malha do modelo:

Etapa: 1 Preparação do modelo

A criação da malha na análise CFD começa com a preparação do modelo no ANSYS. E criar um modelo que só tenha superfícies húmidas. A lógica é diminuir a potência computacional utilizada para a análise.

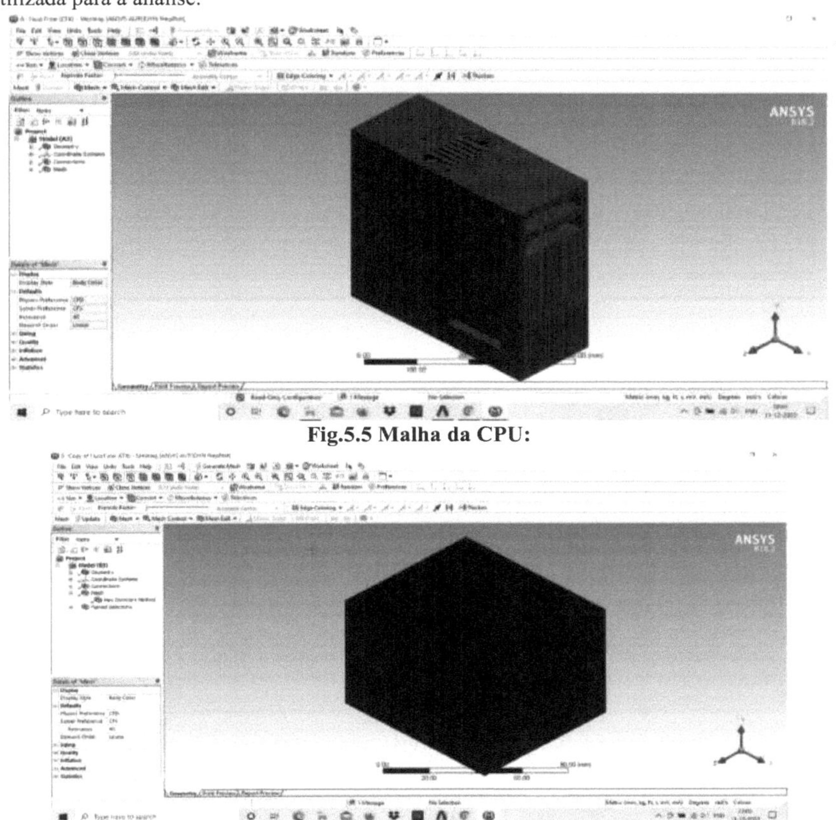

Fig.5.5 Malha da CPU:

5.6 Malha da barbatana

5.3.1 Condição de fronteira: Em cada uma das experiências, a alimentação eléctrica do aquecedor é de 100W. Uma vez que o dispositivo de ensaio é uma estrutura aberta, a temperatura atmosférica é a temperatura do ar soprado para o dissipador de calor. O caudal de ar é constante para os dissipadores de calor. As temperaturas no topo e nas bases dos dissipadores de calor são também medidas para calcular a resistência térmica dos dissipadores de calor. Seja como for, nas nossas encenações, a temperatura ambiente é a temperatura exterior à área, pelo que o ar que passa pela ventoinha da CPU é superior à temperatura exterior. Isto requer o cálculo da temperatura normal à saída da ventoinha.

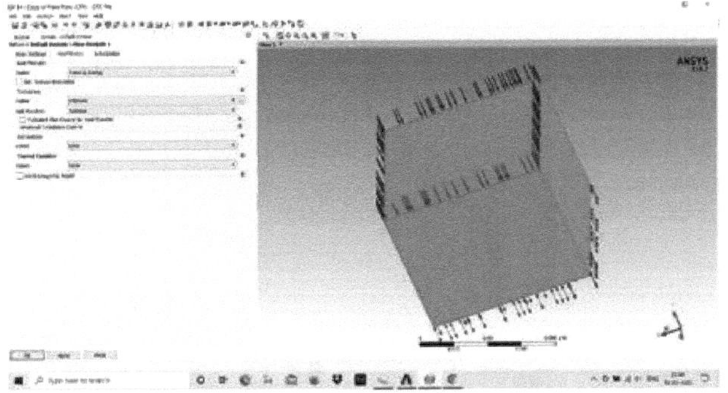

Fig.(a) (Pormenores do domínio)

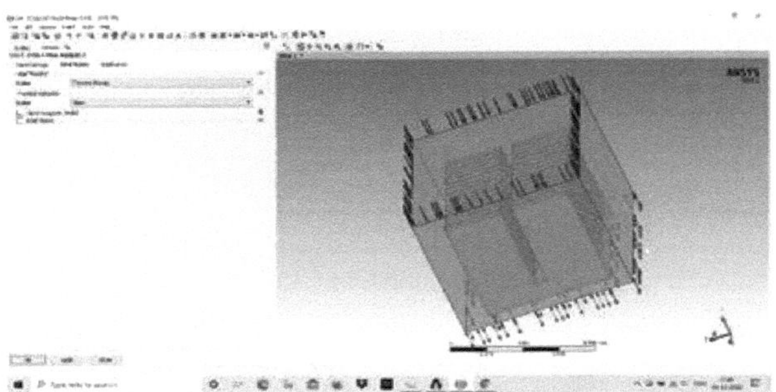

Fig.(b)Condições de fronteira

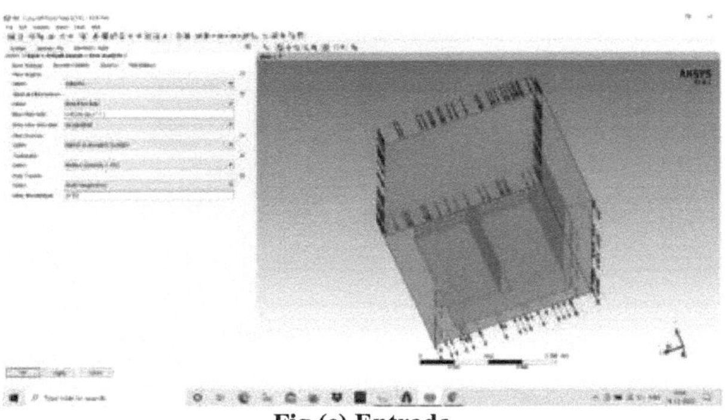

Fig.(c) Entrada

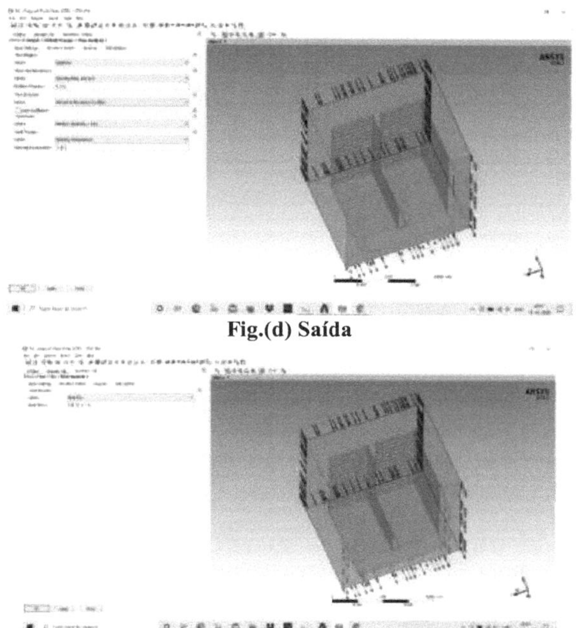

Fig.(d) Saída

Fig.5.7 Condição de fronteira entrada e saída do dissipador de calor

5.3.2 Procedimento de solução

As equações que regem o fluido e as regiões sólidas são resolvidas com o Ansys 18.2, que utiliza um método de volumes finitos. Neste estudo, o solver segregado é utilizado como algoritmo de solução que resolve as equações de massa, momento e energia sequencialmente. É empregue um esquema upwind de primeira ordem para a discretização de todas as variáveis e o esquema SIMPLE foi utilizado para o acoplamento pressão-velocidade. A solução numérica é considerada convergente quando o resíduo é 10-4 para as equações da continuidade e do momento e 10-8 para a equação da energia. No presente estudo, o modelo RNG k- é utilizado como modelo de turbulência. Assim, mostra-se que a radiação pode ser ignorada no arrefecimento forçado de CPUs. O ventilador de tiragem induzida é modelado como um ventilador de escape com um salto de pressão especificado. Considera-se que um exaustor é infinitamente fino e o aumento descontínuo da pressão através dele é especificado como uma função da velocidade local do fluido normal ao exaustor. A admissão à unidade de potência é modelada como um salto poroso que caracteriza os meios porosos como uma membrana fina. O coeficiente de salto de pressão é calculado seguindo um procedimento descrito na documentação do Ansys 18.2. A ventoinha do processador é modelada como superfícies circulares com uma curva de desempenho da ventoinha especificada. A curva empírica da ventoinha que rege a relação entre o aumento da pressão e o caudal através do elemento da ventoinha é apresentada no quadro 4.2. O software CFD determina o ponto de funcionamento da ventoinha entre a curva de impedância do sistema e a curva da ventoinha. A curva do ventilador é introduzida como uma aproximação polinomial através do cálculo da velocidade normal do fluxo de ar à saída do ventilador.

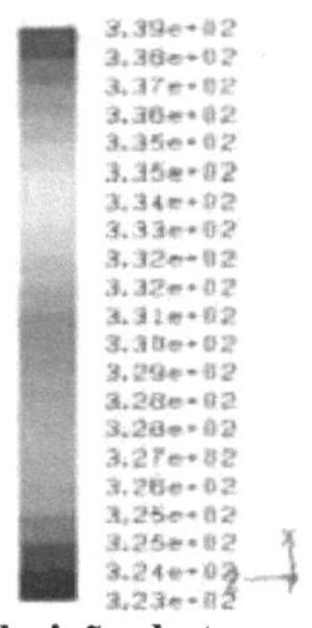

Fig.5.8 Distribuição da temperatura do dissipador de calor sem placa de base

5.4 Validação do modelo

No presente trabalho, as equações médias de Reynold de Navier-Stokes são resolvidas juntamente com a equação da energia na restrição de continuidade para o arrefecimento da CPU. As equações governantes são discretizadas usando a técnica de volumes finitos e resolvidas pelo algoritmo SIMPLE. O problema físico é modelado matematicamente e resolvido com as condições de entrada assumidas. Assim, a sensibilidade dos resultados obtidos é avaliada com resultados experimentais. As experiências são efectuadas em condições controladas. O dissipador de calor está colocado no centro do sistema e a fonte de calor é fornecida no centro do dissipador de calor através de um aquecedor. Para diminuir a perda de calor, a parte inferior do aquecedor é isolante e os outros componentes não são considerados nesta configuração aberta. Os resultados experimentais e de simulação da diferença de temperatura são apresentados na figura e verificou-se uma boa concordância na natureza dentro de um limite aceitável de desvios.

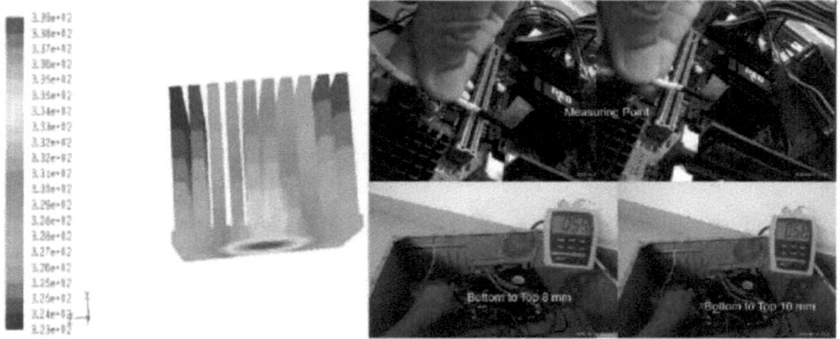

Fig.5.9 Validação do dissipador de calor no Ansys CFD

Original (Caso Existente)	Resultados experimentais		Resultados da análise CFD		Diferença
	Temperatura °C	Base de baixo para cima Ponto de medição	Temp K	Temperatura °C	
1	65	3 mm	337	64	1
2	62	6 mm	335	62	0
3	59	8 mm	333	60	1

| 4 | 58 | 10 mm | 332 | 59 | 1 |
| 5 | 54 | 12 mm | 330 | 57 | 3 |

Quadro 4.3   **Resultados experimentais e de simulação**

O ensaio é concluído e a mesma situação, quando investigada utilizando a programação, o resultado obtido é praticamente satisfatório. Isto mostra a precisão das filosofias CFD e Experimental. Aqui, por teste e exame CFD, o resultado tem 1% de desvio, o que é baixo, cuja diferenciação apareceu na tabela acima. trocador de calor, podemos utilizar o exame CFD.

5.5 Análise de regressão

A análise de regressão inclui qualquer técnica de modelação e análise de diversas variáveis, quando o foco é a relação entre uma variável dependente e uma ou mais variáveis independentes. Mais especificamente, a análise de regressão ajuda a compreender como o valor típico das variáveis dependentes se altera quando qualquer uma das variáveis independentes varia, enquanto as outras variáveis independentes são mantidas fixas. A análise de regressão é amplamente utilizada para previsões e prognósticos, onde a utilização tem uma sobreposição substancial com o domínio da aprendizagem automática. A análise de regressão é também utilizada para compreender quais as variáveis independentes que estão relacionadas com as variáveis dependentes e para explorar as formas destas relações. Em circunstâncias restritas, a regressão pode ser utilizada para inferir relações casuais entre as variáveis independentes e dependentes.

5.6 RESULTADOS E DISCUSSÃO

O modelo de chassis com diferentes combinações de dissipadores de calor é analisado por simulações. Os resultados são obtidos através do modelo de dissipador de calor e mantêm todo o domínio computacional igual.

Nestes casos reais, o ponto focal do dissipador de calor não é tão quente como as reproduções prevêem devido ao turbilhão. Isto indica que as partes superior e esquerda do dissipador de calor têm uma temperatura mais baixa do que o centro do dissipador de calor. Isto deve-se à recirculação do fluxo de ar nestes lados do dissipador de calor e, além disso, o ventilador de fumos aspira o ar quente que se encontra na parte de trás do dissipador de calor. O arrefecimento acaba por ser menos produtivo em diferentes lados do dissipador de calor. A condutividade térmica do material compósito de carbono é de 640 W/m^2 K. É superior à do material de cobre. Para a mesma fonte de calor da CPU, a temperatura de base do dissipador de calor diminui com o aumento do número de alhetas. Por conseguinte, o desempenho dos dissipadores de calor é melhorado. A redução do peso e a limitação do espaço são as vantagens da utilização de dissipadores de calor de placa de base de ccc. Ao aumentar a espessura da placa de base e ao colocar ccc como material da placa de base, o desempenho térmico do dissipador de calor é aumentado.

5.6.1 Distribuições de temperatura do dissipador de calor com placa de base de alumínio

O dissipador de calor de três espessuras diferentes de alhetas com passo variável das alhetas é simulado mantendo todo o domínio computacional. As distribuições de temperatura de várias espessuras de alhetas com passo variável em dissipadores de calor de placa de base de alumínio são mostradas nas figuras 5.10, 5.11 e 5.12.

5.6.2 Efeito da espessura da alheta na temperatura de base com fp = 1,5 mm

Como se mostra na figura seguinte, as distribuições de temperatura no alumínio com passo de

1,5 mm como dissipador de calor de base com várias espessuras de alhetas.

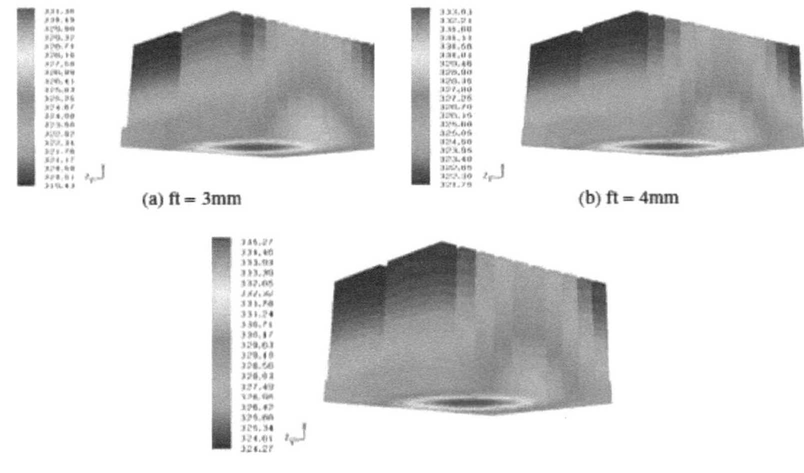

(a) ft = 3mm

(b) ft = 4mm

(c) ft = 5mm

Figura 5.10 Distribuições de temperatura no dissipador de calor de base de alumínio de diferentes
espessuras de alhetas
com fp = 1,5 mm

verifica-se que a distinção de temperatura está a diminuir de 11,92 °C para 11 °C ao diminuir a quantidade de alhetas. A temperatura de base aumenta até 3,9°C aumentando a espessura das alhetas. A temperatura de base também diminui de 331,87 K para 331,35 K quando se varia a espessura do passo das alhetas de 2,5 mm para 1,5 mm para o dissipador de calor de 3 mm de espessura das alhetas e aumenta até 1,3 °C para o dissipador de calor de 4 mm de espessura das alhetas. A temperatura de base diminui moderadamente com o aumento do número de alhetas.

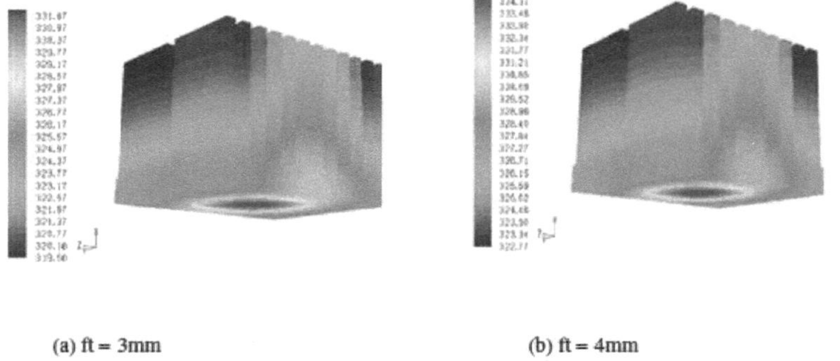

(a) ft = 3mm

(b) ft = 4mm

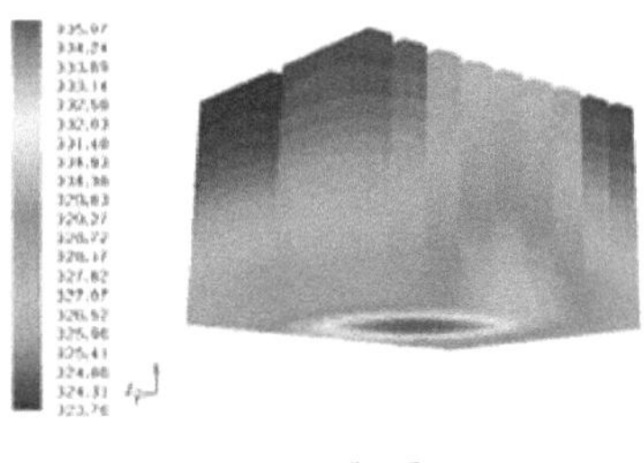

(c) f₁ = 5mm

Figura 5.11 Distribuições de temperatura no alumínio como dissipador de calor de base de

diferentes espessuras de alhetas com fp = 2,5 mm

5.6.3 Efeito da espessura da alheta na temperatura de base com fp = 2,5 mm

Como se mostra na figura seguinte, as distribuições de temperatura no dissipador de calor de base de alumínio com passo de alheta de 2,5 mm com diferentes espessuras de alheta. Pode ver-se que o aumento da espessura das alhetas de 3 mm para 5 mm diminuiu a diferença de temperatura de $12,28^0$ C para $11,30^0$ C. A temperatura de base do dissipador de calor está a aumentar com o aumento da espessura das alhetas de 3 mm para 5 mm. Por conseguinte, uma maior quantidade de energia térmica é absorvida pela placa de base do processador da CPU. A temperatura de base aumenta quase $3,2^0$ C com o aumento da espessura das alhetas. Esta semelhança também pode ser vista mais facilmente nos contornos de temperatura dos dissipadores de calor. Os contornos de temperatura dos dissipadores de calor com 4 mm e 5 mm de espessura das alhetas são quase idênticos, havendo apenas uma pequena diferença na região do ponto quente.

5.6.4 Efeito da espessura da alheta na temperatura de base com fp = 3,5 mm

Como se mostra na figura seguinte, as distribuições de temperatura no dissipador de calor de base de alumínio com passo de 3,5 mm com várias espessuras de alhetas.

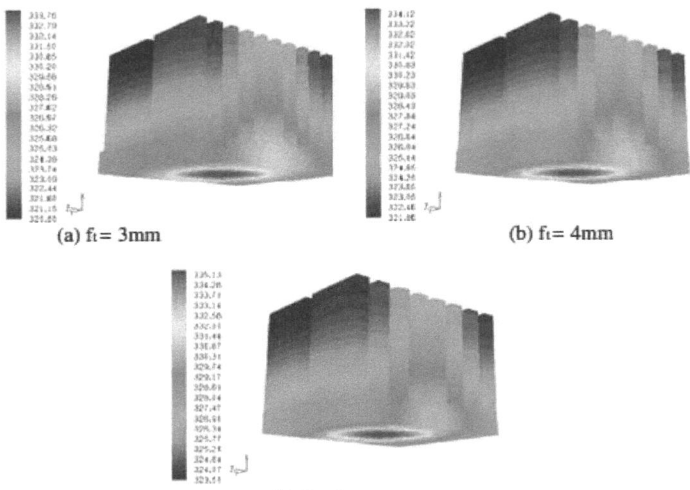

(a) f$_t$= 3mm   (b) f$_t$= 4mm

(b) f$_t$= 5mm

Figura 5.12 Distribuições de temperatura no alumínio como dissipador de calor de base de diferentes
espessuras de alhetas
com fp = 3,5 mm

mostra-se que o contraste de temperatura diminui de 13,27°C para 11,62°C com o aumento da espessura do equilíbrio. A temperatura de base do dissipador de calor aumenta até 1,4°C com o aumento da espessura da aleta. A temperatura de base do dissipador de calor aumenta em 2,4°C para contrastar o passo de equilíbrio de 1,5mm para 3,5mm para uma espessura de equilíbrio de 3mm e aumenta em 1,4°C para deslocar o passo da alheta de 2,5mm para 3,5mm para uma espessura de alheta de 3mm. Ao variar o passo das alhetas, a temperatura de base não se altera para os dissipadores de calor de base com espessura de alheta de 5 mm e há uma alteração de 1,1 °C para a espessura de alheta de 4 mm ao variar o passo das alhetas de 1,5 mm para 3,5 mm.

5.7 Distribuições de temperatura do dissipador de calor com placa de base de cobre

A investigação de dissipadores de calor com material de placa de base de cobre de 2,5 mm e 5 mm de espessura foi inspeccionada. O dissipador de calor de várias espessuras de alhetas com passo de base variável é estimulado mantendo todo o domínio computacional igual.

As distribuições de temperatura de várias espessuras de alhetas com passo variável em dissipadores de calor de placa de base de cobre são mostradas nas figuras de 5.13 a 5.18.

5.7.1 Efeito da espessura da alheta na temperatura de base com fp = 1,5 mm para várias espessuras de base de cobre

Como se mostra na figura seguinte, as distribuições de temperatura no dissipador de calor de base de cobre de 2,5 mm de espessura de base diferente com passo de 1,5 mm. Isto indica que a distinção de temperatura diminui de 11,52°C para 10,30°C diminuindo a quantidade de aletas. A temperatura de base aumenta até 4,3°C com o aumento da espessura da lâmina. A temperatura de base do dissipador de calor diminui 1,6°C ao variar o passo das alhetas de 2,5mm para 1,5mm. A temperatura de base não é muito alterada com a substituição da base de alumínio de 5 mm por uma base de cobre de 2,5 mm.

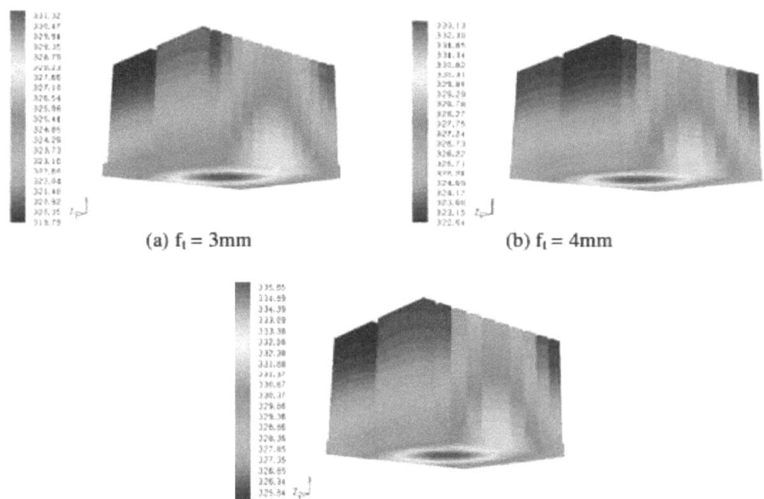

(a) f$_l$ = 3mm   (b) f$_l$ = 4mm

**Figura 5.13 Distribuições de temperatura em cobre de 2,5 mm como dissipador de calor de base de
diferentes espessuras de alhetas com fp = 1,5 mm**

Como se mostra na figura seguinte, a distribuição da temperatura no dissipador de calor de placa de base de cobre de 5 mm com várias espessuras de alhetas com passo de 1,5 mm. Mostra-se que a distribuição da temperatura está a diminuir de 9.580C para 8.660C ao aumentar a espessura das alhetas. A temperatura de base do dissipador de calor está a aumentar até 4^0 C ao aumentar a espessura das alhetas. A temperatura de base do dissipador de calor diminui 1,4^0 C ao variar o passo das alhetas de 2,5 mm para 1,5 mm para o dissipador de calor de 4 mm de espessura das alhetas e para o dissipador de calor de 5 mm de espessura das alhetas. Com a substituição da base de cobre de 5 mm por uma base de alumínio de 5 mm, a temperatura da base é consideravelmente reduzida devido à elevada taxa de condução.

41

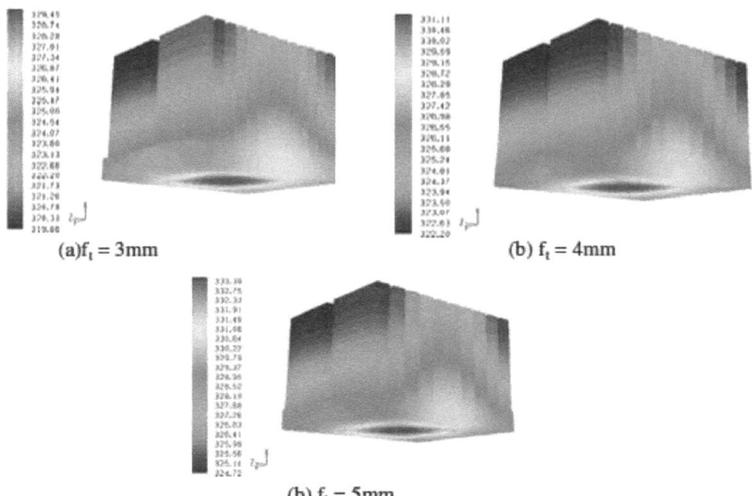

Figura 5.14 Distribuições de temperatura em cobre de 5 mm como dissipador de calor de base de diferentes espessuras de alhetas com fp = 1,5 mm

5.7.2 Efeito da espessura da alheta na temperatura de base com fp = 2,5 mm para várias espessuras de base de cobre

Como se mostra na figura seguinte, as distribuições de temperatura no dissipador de calor de base de cobre de 2,5 mm com diferentes espessuras de alhetas e passo de 2,5 mm. Mostra-se que a temperatura diminui de 12^0 C para $10,86^0$ C com o aumento da espessura das alhetas. Com a adição de uma placa de base de cobre de 2,5 mm, a temperatura da base aumenta aproximadamente $3,2^0$ C, variando a espessura das alhetas. A temperatura da base aumenta até $0,4^0$ C com a substituição da base de alumínio de 5 mm por uma base de cobre de 2,5 mm e a temperatura da superfície superior do dissipador de calor aumenta até 1^0 C em comparação com os dissipadores de calor com base de alumínio.

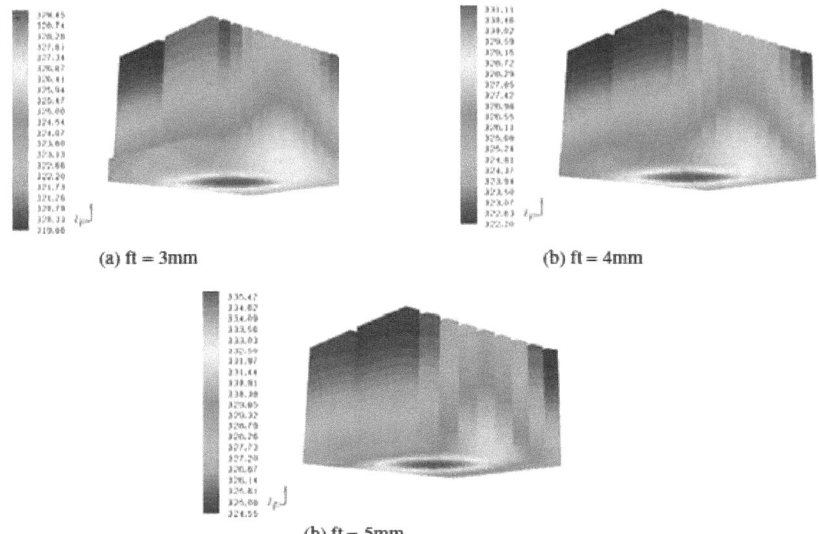

Figura 5.15 Distribuições de temperatura em cobre de 2,5 mm como dissipador de calor de base de diferentes espessuras de alhetas com fp = 2,5 mm

A distribuição de temperatura de diferentes espessuras de alhetas com passo de 2,5 mm em dissipadores de calor de placa de base de cobre de 5 mm é apresentada na figura 5.16. Mostra-se que a distinção de temperatura diminui de $9,86^0$ C para $8,61^0$ C ao aumentar a espessura das alhetas. A temperatura de base aumenta até $3,2^0$ C com o aumento da espessura das alhetas. A temperatura de base do dissipador de calor com base de cobre de 5 mm diminui obviamente em $1,8^0$ C em comparação com os dissipadores de calor com base de alumínio e diminui até $2,1^0$ C quando comparado com o dissipador de calor com base de cobre de 2,5 mm devido ao aumento da espessura da base e ao material de elevada condutividade térmica.

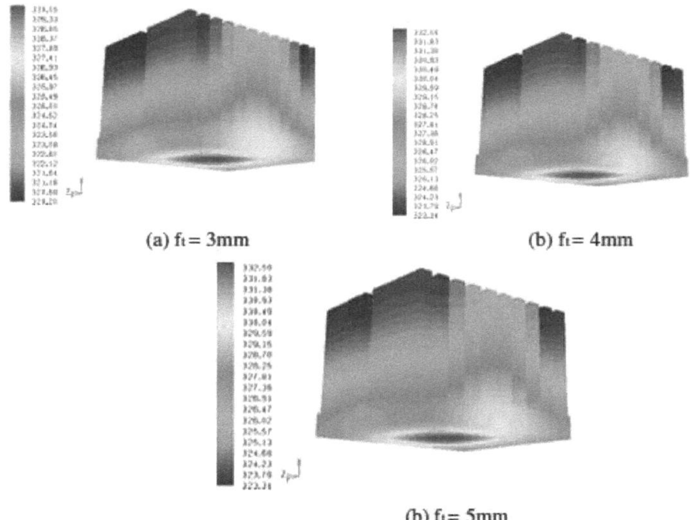

(a) f_t= 3mm   (b) f_t= 4mm

(b) f$_t$= 5mm

Figura 5.16 Distribuições de temperatura em cobre de 5 mm como dissipador de calor de base de diferentes espessuras de alhetas com fp = 2,5 mm

5.7.3 Efeito da espessura da alheta na temperatura de base com fp = 3,5 mm para várias espessuras de base de cobre

Como mostra a figura seguinte, as distribuições de temperatura no dissipador de calor de placa de base de cobre de 2,5 mm com várias espessuras de alhetas com passo de 3,5 mm. Mostra-se que a diferença de temperatura varia com o aumento da espessura das alhetas. A temperatura de base do dissipador de calor aumenta até $1,64^0$ C com o aumento da espessura das alhetas. A temperatura de base do dissipador de calor aumenta $2,5^0$ C ao variar o passo das alhetas de 1,5 mm a 3,5 mm para uma espessura de alheta de 3 mm. Comparando o passo das alhetas de 1,5 mm e 3,5 mm, a temperatura de base aumenta $1,5^0$ C para os dissipadores de calor com 4 mm de espessura das alhetas. A temperatura de base de todos os passos é semelhante para os dissipadores de calor com uma espessura de alheta de 5 mm. Também não varia muito quando se muda a base de cobre de 2,5 mm em vez da base de alumínio de 5 mm.

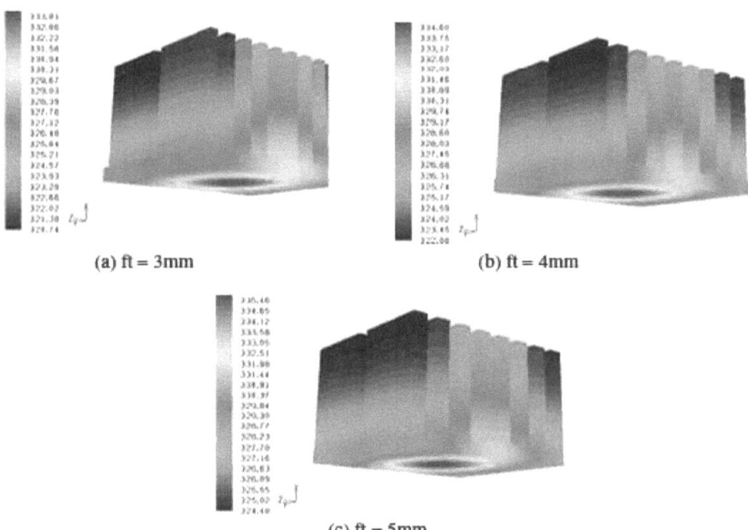

(a) ft = 3mm   (b) ft = 4mm

(c) ft = 5mm

**Figura 5.17 Distribuições de temperatura em cobre de 2,5 mm como dissipador de calor de base de
diferentes espessuras de alhetas com fp = 3,5 mm**

Como se mostra na figura seguinte, as distribuições de temperatura no dissipador de calor de placa de base de cobre de 5 mm com diferentes espessuras de alhetas com passo de 3,5 mm. Mostra-se que a diferença de temperatura varia até 1,6°C com o aumento da espessura das alhetas. A temperatura de base do calor aumenta até 1,5°C com o aumento da espessura das alhetas. A temperatura de base do dissipador de calor aumenta 2,23°C ao variar o passo das alhetas de 1,5 mm a 3,5 mm para uma espessura de alheta de 3 mm. Comparando o passo das alhetas de 1,5 mm e 3,5 mm, a temperatura de base sofre um desvio de 1°C para os dissipadores de calor com espessura de alheta de 4 mm. Também nesta simulação, a temperatura de base de todos os passos é semelhante para os dissipadores de calor com uma espessura de alheta de 5 mm. Está a diminuir até $2,4^0$ C quando comparado com os dissipadores de calor de base de alumínio de 5 mm e de cobre de 2,5 mm.

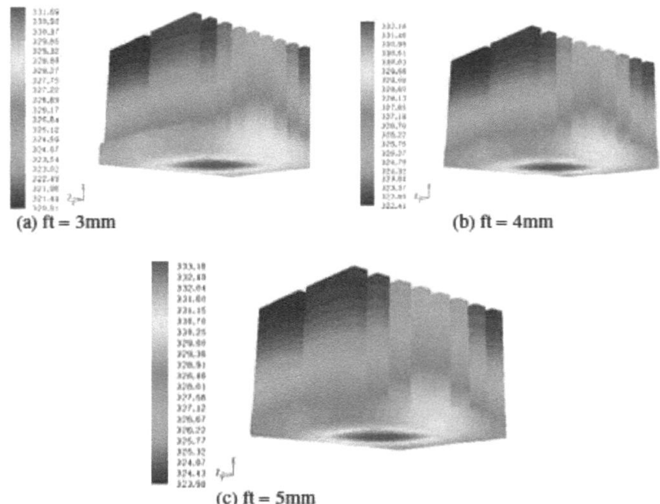

Figura 5.18 Distribuições de temperatura em cobre de 5 mm como dissipador de calor de base de diferentes espessuras de alhetas com fp = 3,5 mm

5.8 Distribuições de temperatura do dissipador de calor com placa de base ccc

Foi examinada a análise de dissipadores de calor com base em compósito de carbono de 2,5 mm e 5 mm de espessura. O dissipador de calor de três espessuras diferentes de alhetas com passo variável é simulado mantendo o mesmo domínio computacional. As distribuições de temperatura de diferentes espessuras de alhetas com passo variável em dissipadores de calor com base de cobre são apresentadas nas figuras 5.19 a 5.24.

5.8.1 Efeito da espessura da alheta na temperatura de base com fp = 1,5 mm para várias espessuras de base ccc

Como se mostra na figura seguinte, as distribuições de temperatura na placa de base composta de carbono de 2,5 mm do dissipador de calor de diferentes espessuras de alhetas com passo de 1,5 mm. Mostra-se que a diferença de temperatura diminui de $9,82^0$ C para $8,52^0$ C com o aumento da espessura das alhetas. A temperatura de base do dissipador de calor aumenta até $4,6^0$ C com o aumento da espessura das alhetas.

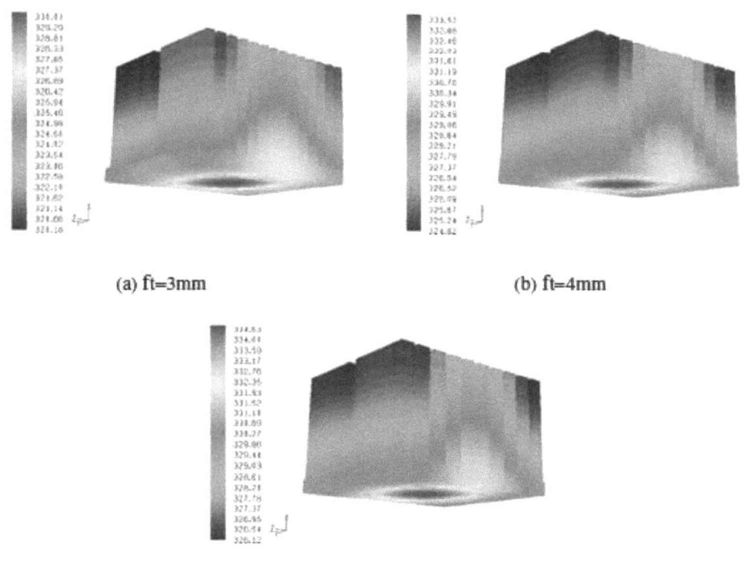

(a) ft=3mm

(b) ft=4mm

(c) f_t = 5mm

Figura 5.19 Distribuições de temperatura no dissipador de calor de base ccc de 2,5 mm com diferentes espessuras de alhetas com fp = 1,5 mm

A temperatura de base do dissipador de calor diminui 0,6°C com a variação do passo das alhetas de 2,5 mm para 1,5 mm para espessuras de alhetas de 3 mm e 5 mm e não há alterações significativas para espessuras de alhetas de 4 mm. De facto, mesmo que a base composta de carbono tenha uma condutividade térmica elevada, a temperatura de base do dissipador de calor aumenta quando comparada com a dos dissipadores de calor com base de cobre de 5 mm. Diminui cerca de 1°C em comparação com os dissipadores de calor com base de cobre de 2,5 mm e base de alumínio. Como se pode ver na figura, os transportes de temperatura em dissipadores de calor de base composta de carbono de 5 mm com várias espessuras de lâmina com passo de 1,5 mm. Mostra-se que o contraste de temperatura diminui de 8,2°C para 7,6°C ao aumentar a espessura da lâmina.

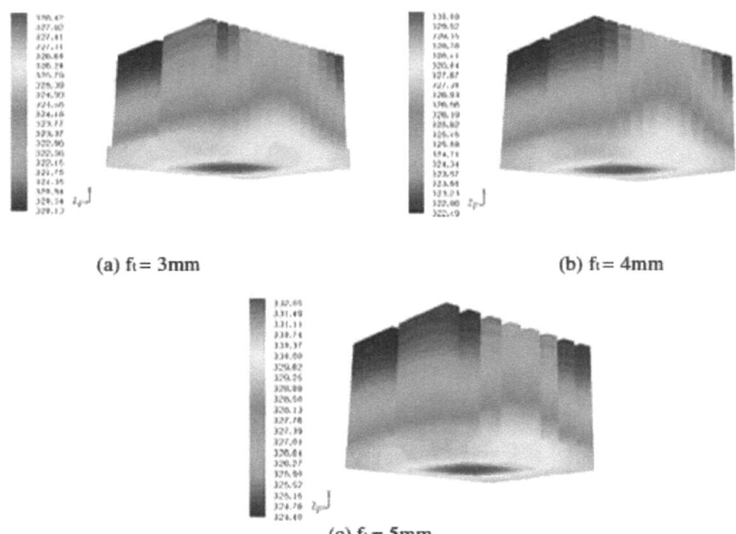

(a) f_t= 3mm   (b) f_t= 4mm

(c) f_t = 5mm

Figura 5.20 Distribuições de temperatura no dissipador de calor de base ccc de 5 mm com diferentes espessuras de alhetas com fp = 1,5 mm

A temperatura de base do dissipador de calor aumenta até $3,6^0$ C com o aumento da espessura das alhetas. A temperatura de base do dissipador de calor diminui até $1,4^0$ C ao variar o passo das alhetas de 2,5 mm para 1,5 mm para uma espessura de alheta de 4 mm e há alterações para espessuras de alheta de 3 mm e 5 mm. A temperatura da placa de base é reduzida quando comparada com todos os outros materiais do dissipador de calor da placa de base.

5.8.2 Efeito da espessura da alheta na temperatura de base com fp = 2,5 mm para várias espessuras de base ccc

Como se mostra na figura seguinte, as distribuições de temperatura no dissipador de calor de base compósita de carbono de 2,5 mm com várias espessuras de alheta com passo de 2,5 mm. Mostra-se que a diferença de temperatura diminui de 10,15°C para 9,16°C com o aumento da espessura das alhetas.

Verifica-se que a temperatura de base diminui até 0,8°C com a adição de uma placa de base de compósito de carbono de 2,5 mm em vez da colocação de uma placa de base de alumínio de 5 mm e diminui até 1,55°C quando comparada com os dissipadores de calor de base de cobre de 2,5 mm.

Os contadores de temperatura dos dissipadores de calor com base de cobre de 5 mm são quase semelhantes aos da base de compósito de carbono e carbono de 2,5 mm. A temperatura de base dos dissipadores de calor com base de cobre de 2,5 mm aumentou para 3,43°C ao variar a espessura das alhetas

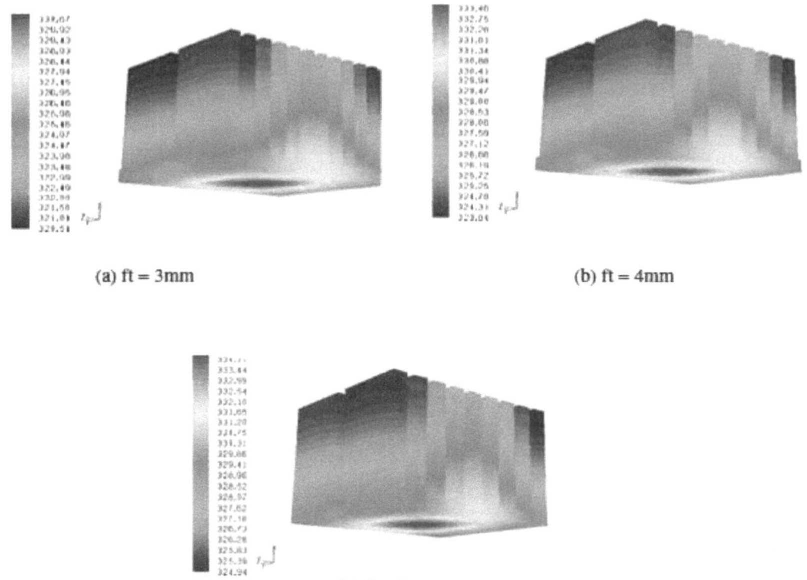

(a) ft = 3mm   (b) ft = 4mm

(c) ft = 5mm

Figura 5.21 Distribuições de temperatura em ccc de 2,5 mm como dissipador de calor de base de diferentes espessuras de alhetas com fp = 2,5 mm

As distribuições de temperatura de diferentes espessuras de aletas com passo de 2,5 mm em dissipadores de calor de placa de base de 5 mm ccc são mostradas na figura 5.22. Observa-se que a diferença de temperatura diminui de 8,48°C para 7,300C com o aumento da espessura das alhetas. A temperatura de base do dissipador de calor aumenta até 3,2°C com a variação da espessura das alhetas.

A temperatura de base do dissipador de calor diminui cerca de 2°C em comparação com a placa de base de cobre de 5 mm e os dissipadores de calor de placa de base de compósito de carbono e carbono de 2,5 mm. Devido à elevada taxa de condução do compósito de carbono e carbono, a temperatura de base diminui até aproximadamente $2,9^0$ C em comparação com a placa de base de alumínio e os dissipadores de calor com placa de base de cobre de 2,5 mm.

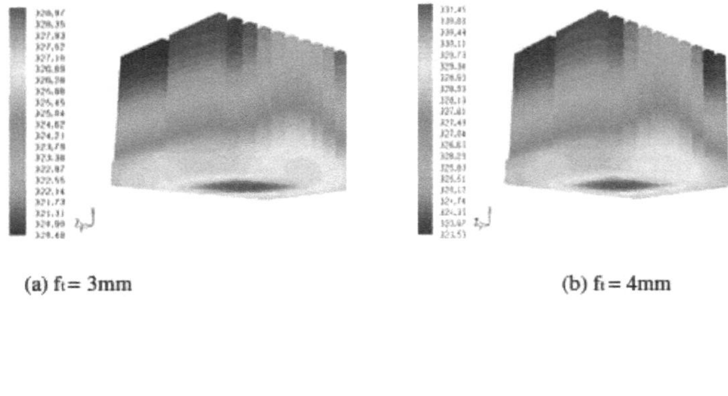

(a) f_t = 3mm   (b) f_t = 4mm

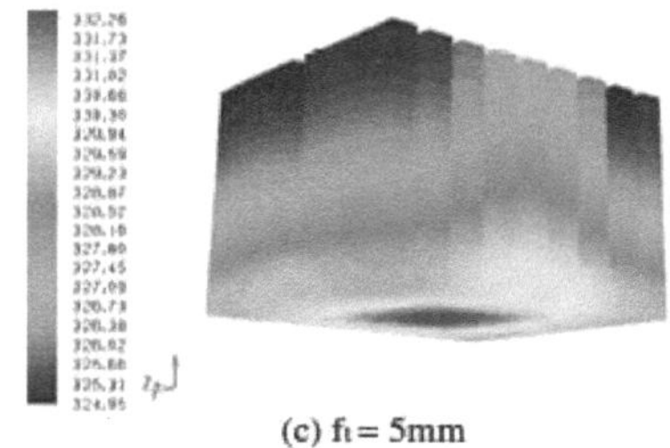

(c) f_t = 5mm

Figura 5.22 Distribuições de temperatura em ccc de 5 mm como dissipador de calor de base de diferentes espessuras de alhetas com fp = 2,5 mm

5.8.3 Efeito da espessura da alheta na temperatura de base com fp = 3,5 mm para várias espessuras de base ccc

Como se mostra na figura seguinte, as distribuições de temperatura no dissipador de calor de placa de base de cobre de 2,5 mm com diferentes espessuras de alhetas e passo de 3,5 mm. Mostra-se que a diferença de temperatura varia até 2^0 C ao aumentar a espessura das alhetas. A temperatura de base aumenta até $1,8^0$ C com o aumento da espessura das alhetas.

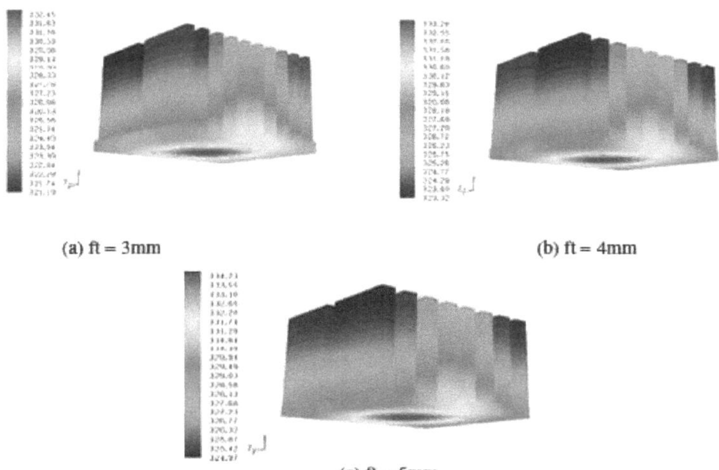

(a) ft = 3mm   (b) ft = 4mm

(c) ft = 5mm

Figura 5.23 Distribuições de temperatura em cobre de 2,5 mm como dissipador de calor de base de diferentes espessuras de alhetas com fp = 3,5 mm

A temperatura de base do dissipador de calor aumenta 2,43°C ao variar o passo das alhetas de 1,5 mm a 3,5 mm para uma espessura de alheta de 3 mm. A temperatura de base do dissipador de calor para todos os passos é comparável para dissipadores de calor com 4 mm e 5 mm de espessura de alheta. Diminui até 1,2°C quando comparada com os dissipadores de placas de base de alumínio de 5 mm e de cobre de 2,5 mm e aumenta até 1,1°C quando comparada com o dissipador de placas de base de cobre de 5 mm.

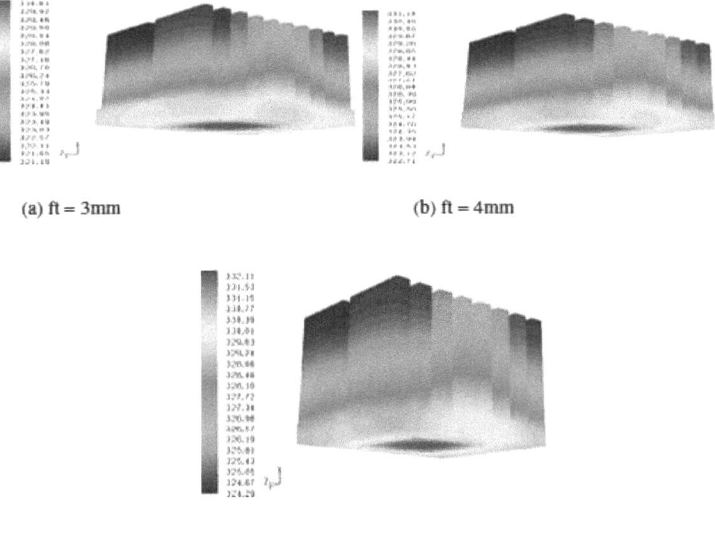

(a) ft = 3mm   (b) ft = 4mm

(c) ft = 5mm

Figura 5.24 Distribuições de temperatura em cobre de 5 mm como dissipador de calor de base de

diferentes espessuras de alhetas com fp = 3,5 mm

Como se mostra na figura seguinte, as distribuições de temperatura no dissipador de calor de placa de base de cobre com passo de 3,5 mm e 5 mm com várias espessuras de alhetas. Mostra-se que a diferença de temperatura varia até $1,6^0$ C ao aumentar a espessura das alhetas. A temperatura de base do dissipador de calor aumenta até $1,5^0$ C com o aumento da espessura das alhetas. A temperatura de base do dissipador de calor é aumentada em $2,18^0$ C para variar o passo das alhetas de 1,5 mm a 3,5 mm para uma espessura de alheta de 3 mm. A temperatura de base é semelhante à dos dissipadores de calor com espessura de alheta de 4 mm para os passos de alheta de 2,5 mm e 3,5 mm e é semelhante para todos os passos do dissipador de calor com espessura de alheta de 5 mm. Comparando os passos das alhetas de 3,5 mm e 1,5 mm, a temperatura de base varia apenas 1^0 C para o dissipador de calor com espessura de alheta de 4 mm. Diminui até $3,4^0$ C quando comparado com os dissipadores de calor com base de alumínio de 5 mm e de cobre de 2,5 mm e diminui até $2,1^0$ C quando comparado com os dissipadores de calor com base de CCC de 2,5 mm e de cobre de 5 mm.

CAPÍTULO 6

CONCLUSÕES E SUGESTÕES PARA TRABALHO FUTURO

Neste estudo, o arrefecimento da CPU foi investigado num chassis de computador completo com diferentes dissipadores de calor de placa de base e as caraterísticas de desempenho térmico destes dissipadores de calor foram investigadas experimental e numericamente com uma carga térmica de 100W. A modelação do estudo envolve vários pressupostos e simplificações. Uma vez que não é possível modelar todos os pormenores do chassis do computador, apenas são modelados os componentes críticos. Componentes como transístores, condensadores e cabos são deixados de fora, uma vez que não afectam o fluxo como os outros componentes. A escolha do modelo de turbulência, as regras de montagem e os planos de discretização são estudados para encontrar o melhor modelo com o planeamento menos computacional. Os resultados da obstrução do dissipador de calor são comparados com os resultados exploratórios acessíveis. Embora a correlação seja subjectiva, verificou-se que os resultados da reprodução CFD estão em concordância aceitável com os resultados dos ensaios para os dissipadores de calor. A estrutura é produzida para o corpo do PC.

6.1 Análise de dissipadores de calor com base em alumínio

Neste estudo, discute-se o efeito do passo variável das alhetas e da espessura das alhetas em dissipadores de calor à base de alumínio. Conclui-se que o desempenho térmico do dissipador de calor aumenta significativamente com o aumento da espessura das alhetas para todos os passos das alhetas. Apesar de haver maior quantidade de fluxo de ar no espaçamento entre alhetas, o desempenho térmico diminui consideravelmente nos passos de alheta de 2,5 mm e 3,5 mm. Conclui-se que o volume do dissipador de calor com passo das alhetas de 2,5 mm diminui até 17% em comparação com o passo das alhetas de 1,5 mm, o desempenho do dissipador de calor diminui apenas 2,9%. O volume do dissipador de calor com passo das alhetas de 3,5 mm diminui 28,57% em comparação com o passo das alhetas de 1,5 mm, o desempenho do dissipador de calor diminui 10% para os dissipadores de calor com 3 mm e 4 mm de espessura das alhetas. Embora o volume do dissipador de calor com 5 mm de espessura das alhetas seja reduzido para 20%, o desempenho do dissipador de calor diminui surpreendentemente para menos de 5%. O volume do dissipador de calor com um passo de alheta de 3,5 mm diminui de 10% para 16,67% em comparação com o passo de alheta de 2,5 mm, o desempenho do dissipador de calor diminui aproximadamente 7%.

6.2 Análise de dissipadores de calor com base de cobre

O material da base do dissipador de calor e a sua espessura são também um parâmetro para aumentar o desempenho térmico do dissipador de calor. Por conseguinte, a placa de base é ligada ao dissipador de calor para aumentar o seu desempenho térmico em vez de aumentar a altura do dissipador de calor. Se o material da placa de base do dissipador de calor for selecionado como composto de carbono e cobre em vez de alumínio, a resistência térmica do dissipador de calor diminui. Em vez de uma placa de base de alumínio de 5 mm, a placa de base de cobre de 2,5 mm é fixada aos dissipadores de calor e o seu desempenho térmico é analisado. Em termos de desempenho térmico, verifica-se que os dissipadores de calor com placa de base de cobre proporcionam um desempenho térmico superior ao dos dissipadores de calor com placa de base de alumínio. Conclui-se o efeito do dissipador de calor com placa de base de cobre de 2,5 mm, do passo das alhetas e da espessura das alhetas. O desempenho térmico do dissipador de calor é melhorado com o aumento da espessura das alhetas. Mas o desempenho térmico do dissipador de calor com 1,5 mm de passo das alhetas não varia muito com o aumento da espessura das alhetas de 4 mm para 5 mm. O desempenho térmico do dissipador de calor com 1,5 mm de passo das alhetas aumenta até 6,8% e 10,7%, respetivamente, em comparação com 2,5 mm e 3,5 mm de passo das alhetas. O desempenho térmico do dissipador de calor com uma espessura de aleta de 5 mm para dissipadores de calor com passo de aleta de 2,5 mm e 3,5 mm é indistinguível. O efeito do dissipador de calor com placa de base de cobre no desempenho dos dissipadores de calor foi considerado muito significativo. Com a adição de um dissipador de calor com placa de base de cobre de 2,5 mm no lugar do dissipador de calor com placa de base de alumínio, o desempenho térmico do dissipador de calor aumenta em 7%, 3,82% e 4,6%, respetivamente, para os passos das alhetas de 1,5 mm, 2,5 mm e 3,5 mm. Conclui-se que o desempenho térmico do dissipador de calor com placa de base de cobre de 2,5 mm aumenta até 20,2% em comparação com os dissipadores de calor com placa de base de alumínio. O passo da alheta de 1,5 mm e a espessura da alheta de 5 mm foram considerados como a alheta óptima para o dissipador de calor com placa de base de cobre de 2,5 mm de espessura. A placa de base de cobre de 5 mm é fixada aos dissipadores de calor em vez da placa de base de alumínio de 5 mm e o seu desempenho é avaliado. Estuda-se o efeito da placa de base de cobre de 5 mm, do passo da aleta e da espessura da aleta. Verifica-se que o desempenho do dissipador de calor também melhora com o aumento da espessura das alhetas. O desempenho do dissipador de calor aumenta até 15% com a variação da espessura das alhetas. É óbvio que o dissipador de calor com uma espessura de alheta de 5 mm tem um desempenho superior aos outros dois para todos os passos de alheta. O desempenho do dissipador de calor com um passo de alheta de 1,5 mm aumenta até 2,% e 1%, respetivamente, e o passo de alheta aumenta até 2,7% e 11%, respetivamente, em comparação com os passos de alheta de 2,5 mm e 3,5 mm.

Conclui-se que o desempenho térmico do dissipador de calor com uma placa de base de cobre de 5 mm aumenta até 3 % em comparação com o dissipador de calor com uma placa de base de alumínio e com os dissipadores de calor com uma placa de base de cobre de 2,5 mm. O passo das alhetas de 2,5 mm e a espessura das alhetas de 5 mm foram considerados os valores óptimos para o passo das alhetas de um dissipador de calor de placa de base de cobre com 5 mm de espessura.

6.3 Análise de dissipadores de calor base ccc

A placa de base de ccc de 2,5 mm é ligada a dissipadores de calor em vez de um dissipador de calor de placa de base de alumínio de 5 mm, e o seu desempenho térmico é estudado. É estudado o efeito da placa de base de compósito de carbono e carbono de 2,5 mm, do passo das alhetas e da espessura das alhetas. Verifica-se que o desempenho do dissipador de calor aumenta significativamente com o aumento da espessura das alhetas. O desempenho térmico do dissipador de calor aumenta até 17% com a variação da espessura das alhetas. Verifica-se que o dissipador de calor com uma espessura de alheta de 5 mm tem um desempenho superior aos outros dois para todos os passos de alheta. O desempenho térmico do dissipador de calor com um passo de alheta de 1,5 mm aumenta até 9,7% e 12,2%, respetivamente, em comparação com os passos de alheta de 2,5 mm e 3,5 mm. Com a adição de um dissipador de calor de placa de base composta de carbono e carbono de 2,5 mm em vez de alumínio como placa de base, o desempenho térmico do dissipador de calor aumenta até 22,5% para todos os passos das alhetas. Conclui-se que o desempenho do dissipador de calor com placa de base de cobre de 5 mm aumenta até 35,7% em comparação com a placa de base de alumínio e os dissipadores de calor com placa de base de cobre de 2,5 mm. O aumento é de 21% em comparação com os dissipadores de calor com placa de base de cobre de 5 mm. O passo da aleta de 1,5 mm e a espessura da aleta de 5 mm foram encontrados como o valor do passo da aleta para o dissipador de calor de placa de base composta de carbono e carbono com 2,5 mm de espessura. O dissipador de calor de placa de base composta de carbono e carbono com 5 mm de espessura é ligado ao local do dissipador de calor de placa de base de alumínio de 5 mm e o seu desempenho é elaborado. O efeito da placa de base composta de carbono e carbono de 5 mm, o passo das aletas e a espessura das aletas são estudados neste projeto. Conclui-se que o desempenho térmico do dissipador de calor é fortemente afetado pelo aumento da espessura das alhetas. O desempenho térmico do dissipador de calor aumenta até 16,99% com a variação da espessura das alhetas. Verifica-se que o dissipador de calor com uma espessura de alheta de 5 mm tem um desempenho superior aos outros dois para todos os passos de alheta. O desempenho térmico do dissipador de calor com um passo de alheta de 1,5 mm aumenta até 4% e 11%, respetivamente, em comparação com os passos de alheta de 2,5 mm e 3,5 mm. Em especial, o desempenho do dissipador de calor com passo das alhetas de 1,5 mm diminui com o aumento da espessura das alhetas de 4 mm para 5 mm. Com a adição de uma placa de base de ccc de 5 mm em vez da placa de base de alumínio, o desempenho do dissipador de calor aumenta até 35,4% para todos os passos das alhetas.

Conclui-se que o desempenho do dissipador de calor com base de cobre de 5 mm aumenta até 45% em comparação com os dissipadores de calor com base de alumínio e com base de cobre de 2,5 mm. É aumentado em 32,2% e 35%, respetivamente, em comparação com os dissipadores de calor com base de cobre de 5 mm e os dissipadores de calor com base de ccc de 2,5 mm. O desempenho do dissipador de calor com espessura de alheta de 5 mm diminui ligeiramente para a base de ccc de 5 mm ao aumentar o passo da alheta de 1,5 mm para 2,5 mm. As capacidades de arrefecimento dos dissipadores de calor com base em ccc testados são consistentemente superiores às dos dissipadores de calor com base em cobre e alumínio. O passo das alhetas de 2,5 mm e a espessura das alhetas de 5 mm foram considerados como o valor ótimo para o dissipador de calor de base de ccc com 5 mm de espessura. O desempenho do dissipador de calor é melhor com a substituição da base de cobre pela base de ccc.

6.4 Sugestões para trabalhos futuros

❖ Embora o presente estudo tenha produzido resultados satisfatórios no domínio da tecnologia de arrefecimento da CPU, é necessário muito trabalho adicional para atingir a qualidade mais avançada.

❖ Os materiais compósitos com elevada condutividade térmica podem ser utilizados para dissipadores de calor.

❖ Para além dos diferentes materiais da placa de base, o meio poroso ou o revestimento de nano-superfície podem ser dados ao dissipador de calor para melhorar o desempenho térmico.

❖ O problema é um problema instável. Por conseguinte, para estudos futuros, o problema pode ser remodelado considerando os efeitos instáveis.

❖ Conceção de dissipadores de calor e procedimentos de otimização para a minimização da resistência térmica do dissipador de calor sujeita a restrições de massa e volume.

❖ técnicas avançadas de fabrico de dissipadores de calor em metal e material compósito Conceitos para ventiladores de cabeça mais alta, caudal moderado, baixo ruído e compactos

REFERÊNCIAS

1. Abakr, Y.A., Ahmed, M.I. e Ismail, A.F. "CFD Thermal Analysis of a Telecommunication Board", 4.ª Conferência Nacional sobre Actas de Telecomunicações, pp. 181-184, 2003.

2. Agarwal, R., Pecht, M., McClusky, F.P., Dishongh, T.J., e Mahjan," Electronics packaging materials and their properties", Boca raton. FL, CRC press, 1999.

3. Ali, A.A. "Design and Analysis of a Compact Two Phase Cooling System for a Laptop Computer", Georgia Institute of Technology, 2004.

4. Arularasan, R. e Velraj, R. "CFD analysis in heat sink for cooling of electronic components", International Journal of the computer, the internet and management, Vol. 6, pp.2-12,2008.

5. Baughn, J., e Shimizu, S., "Heat transfer measurements from a surface with uniform heat flux and an impinging jet", ASME Journal of Heat Transfer, Vol.111, pp. 1096-1098,1989.

6. Bin LI, Wenquan TAO, e Yaling, H.E. "Study on forced air convection cooling for electronic assemblies", Front. Energia e potência Eng. China, Vol. 2, No. 2, pp. 158163,2008.

7. Chang, J.Y., Yu, C.W. e Webb, R.L. "Identification of minimum flow design for a Desktop using CFD modeling", 7th intersociety conference on thermal and thermomechanical Phenomena in Electronic systems, Vol. 1, pp.330-337,2001.

8. Chowdhury MdFeroz e Ahmed ImtiazUddin, "CPU Cooling of Desktop Computer by Parallel Miniature Heat Pipes", Journal of Mechanical Engineering, Vol. ME 40, No. 2,2009.

9. Christopher, L., Chapman, Seri Lee, e Schmidt, B.L. "The Performance of an Elliptical Pin Fin Heat Sink," Tenth IEEE SEMI- THERM, pp.24-30,1994.

10. David Lober, "Optimizing the electronics system into an existing enclosure using CFD modeling simulations techniques", International journal of microcircuits and electronic packaging, Vol. 22, pp.146-151, 1998.

11. David Miller, Sukhvinderkang, e John Cennamo, "Closed loop liquid cooling for thermal performance computer systems", ASME Inter pack, pp 1-6,2006.

12. Dong-Kwon Kim, Jaehoon Jung, e Sung Jin Kim, "Thermal performance of plate- fin heat sinks with variable fin thickness", International Journal of Heat and Mass Transfer, Vol. 53, pp. 597-5994,2011.

13. Dvinsky, A., Bar-Cohen, A. e Strelets, M. "Thermo fluid Analysis of Staggered and Inline Pin Fin Heat Sinks," Inter Society Conference on Thermal Phenomena, pp. 157-164,2000.

14. Emre Ozturk e IlkerTari, "Forced air cooling components of CPUs with heat sinks" IEEE Transactions and packaging Technology", Vol. 31, pp. 650-660,2008.

15. EmreOzturk, "CFD modeling of forced cooling of computer Chassis", Engineering applications of computational fluid mechanics, Vol. 1, pp. 304-313, 2007.

16. Hamid Reza Seyf e Mohammad Layeghi, "Numerical Analysis of Convective Heat Transfer From an Elliptic Pin Heat Sink With Metal Foam Insert", Journal of Heat Transfer ASME, Vol. 132,2011.

17. Harms T.M., M.J. Kazmierczak, e F.M. Gerner, "Developing convective heat transfer in deep retangular micro-channels", International Journal of Heat and Fluid Flow, Vol.20, pp. 148-156, 1998.

18. Harish Sivasankaran, God Son Asirvatham, Jefferson bose, e Bensely albert,

"Experimental analysis of parallel plate and cross cut pin fin heat sinks for electronics cooling applications", THERMAL SCIENCE: Vol. 14, No.1, pp. 147156,2010.

19. Hetsroni, G., Mosyak, A., Segal, Z. e Ziskind, G. "A uniform temperature heat sink for cooling of electronic components", International Journal of Heat and Mass transfer, Vol. 45, pp. 3274-3285,2001.

Printed by Books on Demand GmbH, Norderstedt / Germany